赵凡◎编著

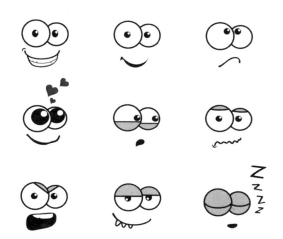

最好的人生，
是做足八分刚刚好

广东旅游出版社
GUANGDONG TRAVEL & TOURISM PRESS

悦读书·悦旅行·悦享人生

中国·广州

图书在版编目（CIP）数据

最好的人生，是做足八分刚刚好 / 赵凡编著. — 广州：广东旅游出版社，
2016.9（2024.8重印）

ISBN 978-7-5570-0448-4

Ⅰ.①最… Ⅱ.①赵… Ⅲ.①幸福－通俗读物 Ⅳ.①B82-49

中国版本图书馆CIP数据核字（2016）第214286号

· ·

最好的人生，是做足八分刚刚好
ZUI HAO DE REN SHENG , SHI ZUO ZU BA FEN GANG GANG HAO

出 版 人　刘志松
责任编辑　李　丽
责任技编　冼志良
责任校对　李瑞苑

广东旅游出版社出版发行

地　　址　广东省广州市荔湾区沙面北街71号首、二层
邮　　编　510130
电　　话　020-87347732（总编室）　020-87348887（销售热线）
投稿邮箱　2026542779@qq.com
印　　刷　三河市腾飞印务有限公司
　　　　　　（地址：三河市黄土庄镇小石庄村）
开　　本　710毫米×1000毫米 1/16
印　　张　16
字　　数　240千
版　　次　2016年9月第1版
印　　次　2024年8月第2次印刷
定　　价　69.80元

- -

本书若有倒装、缺页影响阅读，请与承印厂联系调换，联系电话 0316-3153358

序　言

　　浓墨铺满的画并不好看，画国画要讲究"留白"，在没有笔墨的地方，显水天之空灵，凸画意之深远，谓之"留白天地宽"。

　　古代有这样一句话：忧勤是美德，太苦则无以适性怡情。大意是说，尽心尽力去做事是一种很好的美德，但是过于辛苦地投入，就会失去愉快的心情和爽朗的精神。人若失去了愉快的心情和爽朗的精神，还有什么生活的乐趣呢？所以事事要留个有余地，如是则"造物不能忌我，鬼神不能损我。"反之，"若业必求满，功必求盈，不生内变，必招外忧。"

　　人生也需要留白。有些心怀大志的人，为了珍惜人生的光阴，习惯于将每天的日程安排得满满的，左手与右手不停地劳作，左脚与右脚不停地奔波，即使再累，也得支撑着。

　　从健康角度来说，饭不宜吃得过饱，八分为最好。其实，我们为人处世从智慧与和谐的角度来说，遵循八分饱的尺度也是最合适的。所谓人生的八分饱智慧，指的是为人处世行止有度，屈伸合拍。八分饱的人生智慧，讲究的是一种和谐、有弹性的生活方式。遵循八分智慧的人，不会认为自己所提倡的是绝对的真理，他们只是在努力地接近生活的内核，并希望能窥探到八分真相。因此，八分饱的人生智慧，本身就是一种"在路上"的智慧。

　　饕餮是我国古代传说中的一种怪兽，它没有身体，只有一个巨大的头和一张硕大的嘴。它十分贪吃，逮着什么就吃什么。由于吃得太多，饕餮最后被撑死了。蝜蝂是一种爱背东西的小虫。爬行时只要遇到东西，就都抓取过来背上。东西越背越重，即使非常劳累也不停止。这种小虫还喜欢往高处爬，再苦再累也不肯停下来，最终精疲力尽跌倒摔死在地上。

　　放眼望去，在当今社会的各个角落，像饕餮和蝜蝂这样被撑死和累死人还真不少，比如贪欲太大而入狱的官员和全力付出而过劳死的企业家。

　　他们都没有领会到做人不要那么忙，那么满的真正内涵！

　　饭吃到八分，是健康；酒喝到八分，是微醺；生活到八分，才是智慧。

社会发展了，生活节奏快了，那就由它快吧，我们人生不是吃快餐。凡事都有度，爱情也要把握尺度，爱到八分才是恰到好处。爱情只到八分，留那么两分的距离，不仅可以避免相互伤害，不让感情成为对方的负担，而且距离产生美，平淡储存真，更有利于地久天长。

倘若我们投入十二分爱一个人，甚至像缠树的藤，精神上依附，物质上依靠，情感上依赖，不留一点空间和缝隙，这样的爱好累，会让对方感到压抑和窒息，一旦承受不了，便会想到逃避。乐不可极，乐极生悲；欲不可纵，纵欲成灾；酒饮微醉处，花看半开时……一个人懂得持有八分饱的人生态度，就可在物欲横流的社会中冷静进取、保持一种高蹈轻扬的人生态度。

是为序。

▶ **第一章**

善于自控，八分刚刚好   **1**

人有七情六欲，而欲望是无止境的。这就注定了人的一生是一个追求的过程。无论是物质上的享受还是精神上的满足，人的追求是没有止境的，所谓欲壑难填。所以，人还是善于控制自己的欲望才好，否则，失去的是世界，得到的是锁链。

▶ **第二章**

人生在世不妨后退一步 17

　　人生到处充满着意外和变化，只知道执着追求的人，最后必然失去未来。因为，人生在世不如意的事情十之八九，老是觉得这不好，那不好，自己只会越来越不快乐。须知牢骚太盛枉断肠。

▶ **第三章**

留有余地才会得到空间 31

　　人生在世，为人处世都必须留有余地，压上全部就意味着你没有了退路。谁没有个急难之处呢，得饶人处且饶人，有理不妨让几分。给别人面子，人家会记在心里的，也为自己留了后路。

▶ 第四章

律己太严只会伤及自身　　　　　　　51

> 清代的钱泳曾有云："贫贱近雅，富贵近俗，雅中带俗，可以资生，俗中带雅，可以处世。"过分要求自己、过分的追求万无一失，最终只会弄得自己很累，而结果不会因此而变得更好。

▶ 第五章

处事太过只会伤人伤己　　　　　　　65

> 凡事，取乎中，是应付时代和任何事情的良方。中是不偏不倚，不左倾也不右斜的。非中则不能正，非正则不能稳，非稳则不能久。人生处世的要点，就在于"执中致和"。

序言

▶ **第六章**

接物待人不可斤斤计较 83

> 对待别人，尤其是朋友和部属一定要掌握度，到位即止。世界上没有尽善尽美的人，事情只要有人去做，不同的人就会有不同的结果。如果以自己的完满标准去评价人和事，那就很难与人相处。

▶ **第七章**

与人说话不要夸夸其谈 101

> 说话讲究的是真诚地对待他人，不要夸大其词，也不要天马行空。前者会让人不相信你的话，后者则会觉得你不是一个善于抓得住重点的人。言辞往往反映出一个人的修养、学识和教育程度。

▶ 第八章

职场打拼最忌锋芒毕露 　　127

　　职场不是走秀场，而是斗兽场。在斗兽场里，你需要隐忍，因为第一个冲出去的，总归会早死，只有最后出现的，才能活得最长。

▶ 第九章

结交朋友可以多不能滥 　　153

　　人们常说："在家靠父母，出外靠朋友。"但是良友益友可以给你带来很多帮助，恶友佞友却会给你带来许多麻烦，甚至引你走上邪路。古人云："人生得一知己足矣。"一句话：多而不应滥。

▶ **第十章**

情场得意须防过犹不及   **171**

> 爱情，是一种张弛之间的东西。谈恋爱在任何时候都要持有一颗平常心，在最紧张的时候给爱情一点松弛，在最松弛的时候给爱情一点紧张。用平常心对待爱情，懂得收放自如才好。

序言

第一章　善于自控，八分刚刚好

　　人有七情六欲，而欲望是无止境的。这就注定了人的一生是一个追求的过程。无论是物质上的享受还是精神上的满足，人的追求是没有止境的，所谓欲壑难填。所以，人还是善于控制自己的欲望才好，否则，失去的是世界，得到的是锁链。

凡事别过度，八分刚刚好

有人曾做过这样的试验：一组大鼠限制饮食，只给吃八分饱，一组大鼠自由取食，结果发现，只吃八分饱的大鼠寿命比较长。美国人用蠕虫、白鼠、老鼠和猴子做观察，把它们摄入的食品减少 30% 的热量，则它们的寿命比普通饮食的同类长 30%。在观察人类发现，长寿者肥胖的少。广西巴马瑶族自治县位于南宁北郊山区，经济欠发达，但却是长寿县，年逾百岁者很多见。他们的养生之道之一就是吃饭只吃八分饱，而且经常以素食为主。当然，长寿的后天因素还有很多，养生的方法也不少，但长寿者们食不过饱，只吃八分饱的习惯是值得仿效的。

上述事实教给我们这样一个道理：凡事不能过度。

有一个故事同样说明了这个道理：从前，有位乐师能演奏许多美妙的乐曲，常常被人请去演奏，很受欢迎。有一次，乐师被一位大富翁请到府中表演，优美的音乐令富翁心旷神怡。富翁听着很高兴，对乐师说："如果你能照今天的曲子演奏下去，昼夜不息，我可以送给你百亩良田。"

乐师毫不在意，反问富翁："若我一直演奏下去，你真的能一直听下去吗?"富翁以为乐师不敢接受这个苛刻的条件，便答道："当然，只要你演奏着，我就听着。"

乐师很高兴地接受了富翁的苛刻条件。他把乐器调了调，定了定神，开始演奏起来。如水般的曲调在富翁的屋内洒开来，富翁则躺在榻上，闭着眼睛尽情欣赏。乐师果然功力非凡，他三天三夜未曾停息，一遍又一遍地演奏着那首优美的曲子。第四天，富翁实在受不了了。现在他听着这首曲子，再也感受不到那系曲的韵味了，全都变成了令他烦躁不安的噪音。第五天，富翁认输了，十分懊恼地给了乐师百亩良田，把乐师打发走了。

八分的智慧：凡事不能过度，再好的东西让你天天吃，你也会倒胃口。

聪明的厨师会把菜的量控制得恰到好处，越不够吃就越好吃。这就是我们从"八分饱"得来的智慧。

第一章

善于自控，八分刚刚好

有时，"里子"比面子更重要

死要面子活受罪，这话说得一点也不假。生活中，总有一些爱慕虚荣的人为了面子而给自己找罪受。有些人越是没钱，越爱装阔，兜里明明没有几个钱了，却仍要请朋友进高档的饭馆吃一顿；对方明明比自己富裕很多，自己却总是抢着埋单；与人谈天，总要有意无意地说一些自己吃过的大餐，去过的高级场所。仔细想想，要这虚荣有何用呢？只是自己给自己找罪受。满足了虚荣之后，自己却食无米，穿无衣，住无所，行无鞋，困兽一般憋在角落里，何苦呢？由此想到一个比喻："死鸡撑硬脚"。鸡虽然死了，可它的脚却还在硬撑着。想想确实有点可笑，死都死了，还硬撑个什么劲啊！

究其爱面子的心理，根源在于怕别人瞧不起自己，内心忐忑不安，所以当他们面对一件商品时，往往考虑虚荣比考虑价格的要多。没钱的自卑像魔鬼一样缠得他们犹豫不决，最终屈服于虚荣，勉强买下自己能力所不能及的东西。于是，社会中有了一种怪现象，越穷的人越不喜欢廉价品，越是没有钱的人，就越爱花钱去显示自己。

其实，真正有钱的人未必如此大手大脚。有位身兼数家公司的董事长，他从来不在乎别人称他为"小气财神"。他和朋友去餐馆吃饭时，大都随便点一些菜，喝几杯清茶，仅此而已。他的衣着很普通，并不是什么名牌，大方。他的车子也不是高档的，就是普普通通的一辆车而已。他的公司业绩很好，而且个人的资产也不菲，但他依然能够不被虚荣所累。

如果你再留心看那些旅游观光的外国客人，他们的穿着打扮，都是很随意和俭朴的，有的真是近于邋遢，事实上，这些人中不乏富豪之人。

面子有时是唬人的面具，光为面子活着是很累很可悲的，其实，一个人有无面子的关键不是富与不富的问题，而在于一个人的品德。有时，"里子"比面子更重要。

八分的智慧：真正的智慧，是存在于平易之中的。喜欢把富有显露在外的人，大都欠缺沉稳之气，有浅薄肤浅之心。生活中还是该客观实际一些，让"里子"充实一些，拥有一份平实的内涵，拥有一份坦荡的快乐，有什么不好呢？

第一章 善于自控，八分刚刚好

人生苦短，让我们潇洒走一回

再讲一个故事给你听。

有座山，山里有一个神奇的洞，里面的宝藏足以使人终生享用不尽，但是这个山洞一百年才开一次。有一个人无意中经过那座山时，正巧碰到百年难得的一次洞门大开的机会，他兴奋地进入洞内，发现里面有大堆的金银珠宝，他快速地往袋子里装。由于洞门随时都有可能关上，他必须尽快离开。

当他得意洋洋地装了满满一袋珠宝后，神色愉快地走出了洞口，出来后却发现帽子忘在里面了，于是他又冲入洞中，可惜时间已到，他和山洞一起消失得无影无踪。

故事很简单，却耐人寻味。

贪婪的人，被欲望牵引，欲望无边，贪婪无边。

贪婪的人，是欲望的奴隶，他们在欲望的驱使下忙忙碌碌，不知所终。

贪婪的人，常怀有私心，一心算计，斤斤计较，却最终一无所获。

古语说："人为财死，鸟为食亡。"人不能没有欲望，不然就会失去前进的动力，但人却不能有贪婪，因为贪欲是个无底洞，你永远也填不满。苏联教育家马卡连柯曾经说过："人类欲望本身并没有贪欲，如果一个人从烟雾弥漫的城市里来到一个松树林里，吸到清新的空气，非常高兴，谁也不会说他消耗氧气是过于贪婪。贪婪是从一个人的需要和另一个人的需要发生冲突开始的，是由于必须用武力、狡诈、盗窃，从邻人手中把快乐和满足夺过来而产生的。"

一个穷人会缺很多东西，但是，一个贪婪者却是什么都缺！

贫穷的人只要一点东西，就可以感到满足，奢侈的人需要很多东西也可满足，但是贪婪的人却需要一切东西才能满足。所以贪婪的人总是不知足，他们天天生活在不满足的痛苦中，贪婪者想得到一切，但最终两手空空。

有一则寓言：

上帝在创造蜈蚣时，并没有为它造脚，但是它们可以爬得和蛇一样快速。有一天，它看到羚羊、梅花鹿和其他有脚的动物都跑得比它还快，心里很不高兴，便嫉妒地说："哼！脚愈多，当然跑得愈快！"

于是，它向上帝祷告说："上帝啊！我希望拥有比其他动物更多的脚。"

上帝答应了它的请求。他把好多脚放在蜈蚣面前，任凭它自由取用。

蜈蚣迫不及待地拿起这些脚，一只一只地往身上贴去，从头一直贴到尾，直到再也没有地方可贴了，它才依依不舍地停止。

它心满意足地看看满身是脚的自己，心中暗暗窃喜："现在，我可以像箭一样地飞出去了！"但是，等它一开始要跑步时，才发觉自己完全无法控制这些脚。这些脚劈里啪啦地各走各的，它得全神贯注，才能使一大堆脚不致互相绊跌而顺利地往前走。这样一来，它走得比以前更慢了。

《圣经》上曾经说过，如果你得到的是整个世界，而丧失了自己的生命，那么，你也得不偿失。因贪婪得来的东西，永远是人生的累赘。贪婪轻则让人丧失生活的乐趣，重则误了身家性命。生活的压力越来越大，脸上的笑容越来越少，这或许便是贪婪的代价。

朋友，为了让生活充满快乐，丢掉贪婪的包袱吧！人生苦短，让我们潇洒走一回吧！

八分的智慧：任何事物都不是多多益善，蜈蚣因为贪婪，想拥有更多的脚，结果却适得其反，脚却成了束缚它行动的绳索，代价可谓惨重。

退一步海阔天空，忍一时风平浪静

人生在纷繁复杂的大千世界里，和别人发生着千丝万缕的联系，磕磕碰碰，出现点磨擦，在所难免。此时，如果仇恨满天，得理不饶人，后果就是两败俱伤，鱼死网破，而如果采取忍让之道，则会"退一步海阔天空，忍一时风平浪静"。哪个更划算，不言自明。

中国历史上，凡是显世扬名、彪炳史册的英雄豪杰、仁人志士，无不能忍。人生在世，生与死较，利与害权，福与祸衡，喜与怒称，小之一身，大之天下国家，都离不开忍。现代社会中，许多事业上非常成功的企业家、金融巨头亦将忍字奉为修身立本的真经。因而，忍是修养胸怀的要务，是安身立命的法宝，是众生和谐的祥瑞，是成就大业的利器。

忍是一种宽广博大的胸怀，忍是一种包容一切的气概。忍讲究的是策略，体现的是智慧。"弓过盈则弯，刀过刚则断"，能忍者追求的是大智大勇，决不做头脑发热的莽夫。

忍让是人生的一种智慧，是建立良好的人际关系的法宝。忍让之苦能换来甜蜜的结果。

《寓圃杂记》中记述了杨翥的故事。杨翥的邻居丢失了一只鸡，指骂说是被杨家偷去了。家人气愤不过，把此事告诉了杨翥，想请他去找邻居理论。可杨翥却说："此处又不是我们一家姓杨，怎知骂的是我们，随他骂去吧！"还有一邻居，每当下雨时，便把自己家院子中的积水放到杨翥家去，使杨翥家如同发大水一般，遭受水灾之苦。家人告诉杨翥，他却劝家人道："总是下雨的时候少，晴天的时候多。"

久而久之，邻居们都被杨翥的宽容忍让所感动，纷纷到他家请罪。有一年，一伙贼人密谋欲抢杨翥家的财产，邻居得知此事后，主动组织起来帮杨家守夜防贼，使杨家免去了这场灾难。

春秋五霸之一的晋文公，本名重耳，未登基之前，由于遭到其弟夷吾的追杀，只好到处流浪。

有一天，他和随从经过一片土地，因为粮食已用完，他们便向田中的农夫讨些粮食，可那农夫却捧了一把土给他。

面对农夫的戏弄，重耳不禁大怒，要打农夫。他的随从狐偃马上阻止了他，对他说："主君，这泥土代表大地，这正表示您即将要称王了，是一个吉兆啊!"重耳一听，不但立即平息了怒气，还恭敬地将泥土收好。

狐偃身怀忍让之心，用智慧化解了一场冲突，这是胸怀远大的表现。如果重耳当时盛怒之下打了农夫，甚至杀人，反而暴露了他们的行踪。狐偃一句忠言，既宽容了农夫，又化解了屈辱，成就了大事。

忍让是智者的大度，强者的涵养。忍让并不意味着怯懦，也不意味着无能。忍让是医治痛苦的良方，是一生平安的护身符。

八分的智慧： 生活中许多事当忍则忍，能让则让。善于忍让，宽宏大量，是一种境界，一种智慧。处在这种境界的人，少了许多烦恼和急躁，能获得更加亮丽的人生。

驱除了某些根本不可能的欲望

贪欲无边无际，可以无限制地扩展，这其中的动力，便是自私之心。私心是由于过分看重自我的名与利而产生的。私心是万恶之因，也是万错之源。它使自我只求满足一己之私利，片面追求自我的名誉和地位，而置他人的利益甚至生命于不顾；它使大团体为迎合小团体成员的狭隘名利之心，而置社会整体利益于脑后。

自私自利的人脑子里只是满装着自己，他们不会爱别人，更不懂得为别人而付出。他们总是认为自己是这个世界的中心，外在的一切都是他自己的一部分。因而，他们不愿奉献，因为这无异于从他们身上割肉。

从前，有两位很虔诚、很要好的教徒，决定一起到遥远的圣山朝圣。两人背上行囊，风尘仆仆地上路，誓言不达圣山朝拜，绝不返回。

两位教徒走啊走，走了两个多星期之后，遇见一位白发苍苍的圣者。圣者看到这两位如此虔诚的教徒千里迢迢去朝圣，十分感动地告诉他们："从这里距离圣山还有十天的路程，但是很遗憾，我在这十字路口就要和你们分手了，而在分手之前，我要送给你们每人一件礼物，不过你们当中一个要先许愿，他的愿望会马上实现；而第二个人则可以得到那愿望的两倍。"

其中一个教徒心里想："太好了，我已经想好要许什么愿了，但我不能先讲，那样的话太吃亏了，应该让他先讲。"而另一个教徒也有这样的想法："我怎么可以先讲，让他获得两倍的礼物。"于是，两个教徒就开始假装客气地推让起来。"你先讲！""你比我年长，你先许愿吧！""不，应该你先许愿！"两人彼此推来让去。最后两人都不耐烦起来，气氛一下子变得紧张起来。"你干吗呀？""你先讲啊！""为什么你不先讲而让我先讲？我才不先讲呢！"

到最后，其中一个教徒气呼呼地大声嚷道："喂，你真不识相、不知好歹，你再不许愿的话，我就打断你的狗腿，掐死你！"

另外一教徒见他的朋友居然和自己翻脸，而且还恐吓自己，于是想，你无情来我无意，我没法子得到的东西，你也休想得到。于是，他干脆把心一横，狠狠地说道："好，我先许愿！我希望……我的一只眼睛瞎掉！"

很快地，这位教徒的一只眼睛瞎掉了，而与此同时，他的朋友双眼也立即瞎掉了！

本是一件皆大欢喜的事，因为两人的自私而成了悲剧。自私者企图拥有整个世界，结果却输掉了一切本应属于他的东西，反而变得更加贫穷了。这都是自私惹的祸！

因此，罗素说道："我的快乐日益剧增，一部分是因为我终于成功地驱除了某些根本不可能的欲望，但更大的原因，还应归功于心灵中逐渐减少了对自我的关心。"

八分的智慧：人之所以为人，是因为它的社会属性。只要生活在这个社会上，就会有差距。你有钱，别人更有钱。你的官大，别人的官更大。一定要有一个正确的态度，才能达到心灵上的平静，否则，欲望太强，就会嫉妒心强，会毁了别人，最终也会毁了自己。

大忙人也需要有休息的时候

当代最出色的演员之一，汤姆·汉克斯(Tom Hanks)在电视上接受访问，回答一个问题时说："多，不一定就更好。"他试图传达的讯息是，忙碌会碍事。同时进行太多的事，有太多计划或细节要照料，可能会使我们分心，无法发挥最佳的表现；当你的脑子装得太满时，就没有空间可以装新点子和创意。他说得对极了！

许多人太忙了，甚至看不见哪一头是上策。我们跑来跑去，看起来都很忙碌，其实，我们根本没有做成多少事。我们的创意和智慧在忙碌中遗失了。我们看不见什么才是真正相关和最重要的。新点子难以浮现。

通常，在做生意的关键时刻，做最佳选择所需要的只是片刻的沉思。不过，如果你太忙了，到处跑来跑去，慌慌张张，你通常就会错过那珍贵重要的一刻。你会看到一团混乱，却看不见显而易见的答案。例如，有一位房地产买家，专门收购别人重新翻修后再高价售出但失败了的房地产。他认为大部分情况的失败都是出于一个忙碌心灵太冲动的后果。你瞧，一位成功的商人在研究一个案子时指出："这幢房子需要的只是一点粉饰。我的前一任屋主就是想让它尽善尽美才破产的。这幢房子的确有许多问题，可是它们并没有想象中那么严重。他们慌慌张张地忙来忙去，根本看不见显而易见的事。"

在某个时间，大部分人都得到过这个讯息，表面上看起来表现出忙碌是一种美德。有时候我们真的是忙得不可开交，无能为力。不过，具讽刺意义的是，当我们不再担心是否能够完成每件事；当我们不再表现出并告诉他人我们有多忙碌时，我们就比较能够决定什么才是最重要的。我们镇定下来，观看什么才是真正需要完成的。

成功的关键，就是排出一段完全不必做任何事情的空间。即使你每天只能腾出几分钟也好，总之你需要有一段"空当"。不要将你的会议和约会重叠，或是撞车，看看你是否可以空出一点额外的时间，创造一些空间。不要再烦恼无法完成的事。你将会发现，当你给自己多一点的空间，不要那么匆忙时，许多好点子都会自动浮现。对我来说，事实证明就是如此。我自己最好的点子都不是在我被忙碌淹没时出现的，而是在忙碌中的空当，当我可以静静独处的时候，智慧才有机会浮现。从今天开始，看看你是不是可以变得比较"悠闲"一点。结果一定会让你感到惊喜。

曾经有很多人总是强迫自己无休止地工作，他们对工作沉迷上瘾，正如人们会对酒精沉迷上瘾一样。他们被称为工作狂。他们拒绝休假，公文包里塞满了要办的公文。如果要让他们停下来休息片刻，他们也会认为纯粹是浪费时间。这些人都成功了吗？没有，他们中很多人不但没有成功，相反使自己身心交瘁，有的甚至疏远了亲人，造成家庭的破裂。

确实，事业的成功是很重要的，但如果为此而牺牲了健康和家庭，也是遗憾的。在现代商业竞争中，一个成功的创业者是会合理安排时间，注意有张有弛。他们注重各种形式的锻炼，以保持旺盛精力去应付艰巨的商战。他们也注意给自己留出与家人共享天伦之乐的时间。可以说这才是一个现代创业者的生活方式。

譬如说，在忙完了一天的工作之后，创业者在心理和体力两方面都需要摆脱一下工作，但他却经常把工作带回家继续挑灯夜战。这只会产生反效果，使之越来越没有精力在白天处理好事务。且也会减低在办公室里把工作做完的冲劲，因为他会想："如果白天做不完，我可以晚上继续。"久而久之，就会养成一种拖延的毛病。

因此，"班上事，班上毕"。除非有紧急的事务，不然，就不必把工作带回家。你将享有一段舒适的晚间休息时间和一晚上与家人同乐的美好时光，这将是一件非常美妙的事情！

当一个人工作太久了，疲惫和压力就会产生，厌烦也逐渐侵入，这时如果不改变一下工作的步调，很可能会造成情绪不稳定、慢性神经衰弱以及其他的毛病。这时需要调节一下，调节不一定需要休息，从脑力劳动转换去做几分钟体力劳动，从坐姿变为立姿，绕着办公室走一两圈，都可以迅速恢复精力。

成功的创业者各有各的休息和保持健康的方法，旧金山全美公司的董事长约翰·贝克每天坚持晨泳和晚泳，还经常抽空去滑雪、钓鱼、越野走以及打网球；包登公司的总裁尤金·苏利文养成每天走过二十条街去他的办公室的习惯；联合化学公司董事长约翰·康诺尔偏爱原地慢跑，一直保持着标准体重。总之，每一位创业者都可以像他们一样寻找一种最适合自己的锻炼方式，通过一些低强度但又十分有效的形式使自己保持充沛的精力和敏锐的思维，无疑是现代创业者的选择。

八分的智慧： 中国古人讲："一张一弛，文武之道也。"身处竞争激烈的商海，每一位创业者如上紧发条的钟表，但是应该记住的是：弦绷得太紧，会断的。而注意工作中的调节与休息，不但对自己健康有益，对事业也是大有好处的。

别让所谓的忙碌毁了你的业余爱好

很多成功人士挤出时间从事业余爱好。这些业余爱好不但不妨碍他们的事业，相反，都会对他们的事业的成功有所裨益。

当今世界上最大的化工公司杜邦公司的总裁格劳福特·格林瓦特，每天挤出一小时研究世界上最小的鸟——蜂鸟，用专门的设备为蜂鸟拍照。他写的关于蜂鸟的书被称作自然历史丛书中的精品。威尔福莱特·康是一位世界织布业的巨头，尽管事务繁忙，他仍坚持业余画油画。他的油画大量地在画展上展出，其中有几百幅以高价卖出了。

另外，成功者的业余爱好往往还能开辟另一事业成功的天地。因为业余爱好与本职工作不矛盾。在每天忙碌的工作之余，做做自己心爱的事，有助于放松身心，恢复精力，使生活变得更有情趣，生命更有意义。它可以缓解人在生意场上的压力，也能帮助人锻炼自己的思考力和创造力。甚至触类旁通，举一反三，使人领悟商场上的妙谛。

在海外的华侨商人大都有业余玩麻将的爱好。这并不是由于他们好赌，想靠此赚钱，而是他们将此看作一种业余爱好。因为，玩麻雀对他们而言至少有三种作用。一是放松放松，休息身心。二是在感情上联络家人、员工和生意合作者。三是在玩麻将中悟生意经。麻将桌上风云变幻，机会稍纵即逝。因此，要想赢，就得把握机会，猜测对方的牌，从全局出发，深思熟虑，打出自己的牌。而做生意，正需要这种敏锐的观察力，准确果敢的决断，良好的全局观念。总之，玩物而不丧志，玩得起放得下。创业者不妨培养一点儿个人业余爱好，投入兴趣之中。陶冶自己的性情，锻炼自己的能力，积累知识，开发潜能。相信业余爱好于身心、事业，将大有裨益。

要力争在饭前饭后以及节假日坚持散步一小时，并且形成习惯。散步时，可独行，最好是与家人或友人同行，效果更好些。俗话说：饭后百步走，能活九十九。散步是养生的一大秘诀。

对于成天忙碌奔波的人们，提出让他们有计划地坚持散步健身，似乎滑稽。其实，散步和走路并不完全一样。走路，有快有慢，对于干事业的人来说，"行如风"是其走路的常见特点。而这里所讲的散步，则是缓缓而行，听任双足轻松地向前移动，所谓"信马由缰""行云流水"是也。形体需要放松自然，精神恬静愉快，无拘无束，自由自在，一副悠然自得的样子。

散步健身，早在春秋时期，已经得到贵族、平民的重视，《内经》中就要求清晨起床后，"信步于庭"，这是一种柔和运动，能活动筋骨，强健腿足，而足部气血畅通与否，又关系全身。此外，散步又是一种非常有意义的活动。轻松而有节奏的步伐，深沉而调和的呼吸，使人神清气爽，有助于体内食物消化和营养的吸收。正如先人所感："散步所以养神也。"尽管散步的功效显而易见，仍有人认为它只是老年人的专利，中青年人不屑一顾，尤其是一些"大忙人"哪里舍得用宝贵的时间来散步。岂不谬哉！这种运动的特点就在"坚持"二字，多年持之以恒，必然见效，这是开发潜能的一种最为可行的方法。

八分的智慧：成功的人生需要休息。每天的"成功"，使得自己都没有时间休息，只会造成自己未老先衰，身体先罢工了。

第二章　人生在世不妨后退一步

人生到处充满着意外和变化，只知道执着追求的人，最后必然失去未来。因为，人生在世不如意的事情十之八九，老是觉得这不好，那不好，自己只会越来越不快乐。须知牢骚太盛枉断肠。

在不利的境遇下适时地转弯

萧伯纳曾说过："当问题发生时，人们往往归咎于环境，事实上，一个人应该努力适应四周的环境，如果无法适应，便要自己去创造环境。"

小高有一次在外头玩得太晚，只好走夜路回家，途中经过一片荒地，路上一片漆黑。

小高一边走一边咒骂，懊悔自己早先遗落了打火机，害得现在连一点照明的工具都没有。

正在怨天尤人的同时，突然眼前出现了一点亮光，逐渐向自己靠近，于是小高加快脚步，朝灯光走过去。

等到走近一看，小高才发现那个拿着手电筒走路的人，竟然是个双目失明、戴着墨镜的瞎子。

小高感到十分诧异，于是开口问那名瞎子道："你又看不见，手电筒对你而言一点用处也没有，为什么你还要带着手电筒呢？"

瞎子听了小高的话后，缓缓地叹了一口气说："你有所不知，这条路实在太黑了，别人常常看不到我，匆匆忙忙走过去，一不小心就把我给撞倒了，所以我只好拿着手电筒走路。虽然我看不到别人，但是别人可以看到我，就不会再把我撞倒了。"

在这则故事中，聪明的瞎子懂得变通，制造了一个适合自己的环境，可说是利人又利己。

八分的智慧：做人就应该和这位瞎子一样，懂得在不利的境遇下适时地转弯，反向思考。为自己的困顿找出路，困难其实没有想象中那么复杂，只要换个角度，你便可以看得更清楚。

你所烦恼的事，基本都不会发生

小柯原本是公司里的修理工，因为表现优异，不到半年的时间就被提升为领工，负责管理公司里所有大大小小的机械。

这么短的时间便获得如此的成绩，着实给小柯带来了不少压力。升任后，他一面积极参与公司里的各种事务，一面又担心自己的能力不足以承担如此重任。

午夜梦回时，小柯时常梦见公司出现了什么问题或错误，自己吓出一身冷汗，无一夜好眠，"焦虑"成了他最忠实的朋友。

一日，公司的四部牵引机同时发生故障，作业一度陷入瘫痪，小柯终日担忧的事情终于发生了，他完全不知所措，脑子里一片空白，只好请求上司的帮助，向他报告这突如其来的意外。

小柯心想发生了这样的事，上司一定会大发雷霆，自己的职位也将不保，因此抱着战战兢兢的心情，浑身发抖地来到了上司的面前。

想不到上司听了小柯的陈述之后，居然继续做他的事，连头也不抬一下，只慢条斯理地对小柯说："这没什么大不了的，机器坏了，那就把它修好啊！"

小柯听了这番话，多日来的烦恼、恐惧全部一扫而空，是啊！兵来将挡，水来土掩，有什么解决不了的呢？于是小柯以极佳的效率，迅速修好了那四部发生故障的设备。

从此以后，他不再为焦虑所困，很快地适应了自己的工作，成为一个非常优秀的员工。

小柯杞人忧天，将心力投注在那些未知的事物上，反而使自己整天诚惶诚恐，无法沉着地面对困难。

西方有一句名言说："责任和今天是属于我们的，结局与未来则属于上帝。"

这句话与中国古谚"尽人事，听天命"有异曲同工之妙，明天太遥远了，谁也不知道将会发生什么事，不如把握当下，珍惜眼前，无论遇到多大的困难，都无须惊慌。

八分的智慧：问题已经发生了，你所能做的就只有尽力解决，世上没有解决不了的麻烦，除非是你不断替自己制造麻烦。

完成一件事的方法永远不止一个

很多人有着相同的目标，却常常因为选择的道路不同，走路的方式不同，结果也有了天壤之别。

一位太太为了熬出一锅好汤，于是邀请邻居的太太来家里指导。

她买齐了材料，准备生火烧水，邻居太太却说："这个不锈钢锅不适合熬汤，我还是再去买一个陶锅，熬出来的汤会美味一些。"

然后，邻居太太匆匆忙忙地卸下了围裙，跑去买锅。

锅很快就买来了，这位太太正要烧水，邻居太太却说："我想起来了，我有一组餐具很配这个陶锅，等我一下，我回家找找去。"

然后，邻居太太急忙跑回家翻箱倒柜，满身大汗地把餐具拿过来。

正当烧水之际，邻居太太又看了看准备入锅的材料，摇了摇头说："不行，这肉片切得太大了，不容易入味，我得把它切小一点才行。"

好不容易拿出了菜刀，才切了没两三下，邻居太太又说了："这菜刀不利了，得赶紧磨一磨才好。"

于是，邻居太太丢下菜刀，回家去把磨刀石拿过来。等到磨刀石拿来以后，她又发现，要磨利刀子，必须用木棍固定一下才方便，所以她又连忙出外寻找木棍，找了好半天都不见踪影。

在家里等待的这位太太只好先把材料下锅，一边煮一边等。直到邻居太太气喘如牛，手里拿着木棍跑回来时，锅里的材料早已熟透，可以开始大快朵颐了。

看完这则故事之后，你一定在偷笑，天底下怎么会有像邻居太太这样的人啊！

事实上，我们虽然不至于像邻居太太做出这样的事，但是很多时候，我们也犯了和邻居太太一样的毛病，只看见眼前的事物，却忘了自己最终的目标，终日为小事忙忙碌碌，到头来却仍是一场空。

歌德曾说："决定一个人的一生，以及整个命运的，只是一瞬之间。"

八分的智慧：那"一瞬之间"指的是你做事的态度、做事的方法。愚蠢的人为了无谓的小事而浪费光阴，聪明的人却善用每分每秒，山不转路转，完成一件事的方法永远不止一个。

窗明几净，才能眺望得更高更远

一位婆婆对刚娶进门的媳妇甚为不满，媳妇的一点小差错都会引起婆婆的勃然大怒。

她一会儿抱怨媳妇厨艺不够精湛，连葱、蒜、韭菜都分不清；一会儿又抱怨媳妇根本无心打理家务，而且常常加班到半夜才回家，也不晓得是不是真的加班，还是在外面鬼混。

她甚至连儿子感冒发烧也算到媳妇头上去，抱怨连丈夫的身体都照顾不好，还怎么做人家老婆？

直到有一天，一个老朋友来到家里作客，婆婆哪壶不开提哪壶，又开始埋怨媳妇的不是，指着阳台上的衣服说："我真不知道她妈妈是怎么教她的，连洗个衣服都洗不干净，你看看，衣服上斑斑点点的，她洗了老半天还是那个样子，真是浪费那些洗衣服的水！"

这位朋友听了婆婆的话之后，向阳台上仔细地瞧了一下，这才发现了问题的症结所在。

他用抹布把窗户擦了擦，然后拉着婆婆再朝阳台望去，婆婆大吃一惊，那些晾在阳台上的衣服居然一下子就变干净了，婆婆这才明白，原来不是媳妇的衣服洗不干净，而是家里的窗户脏了。

从此，她不再用有色眼光看待媳妇，婆媳两人相处得越来越好，简直跟一对亲母女，不，是跟一对亲姊妹没什么两样呢！

很多时候，只要稍微退一步，你就可以看得更清楚。

智者一切求诸己，愚者一切求诸人，念头宽厚的，如春风煦育，万物遭之而生；心念狭窄的，如朔雪阴凝，万物遭之而死。

八分的智慧：太仔细观察别人的错误，反而会察觉不到自己本身的缺失，容人是一种雅量，偶尔擦拭自己的心窗，不为灰尘所蒙蔽，窗明几净，才能眺望得更高更远。

知过能改胜过学富五车

阿光今年刚从大学毕业，他学的是英文，自认为无论听、说、读、写，对他来说都只是雕虫小技。

由于他对自己的英文能力相当自豪，因此寄了很多英文履历到一些外资公司去应征，他认为外语人才是就业市场中的绩优股，肯定人人抢着要。

然而，一个礼拜接着一个礼拜过去了，阿光投递出去的应征信函却了无回音，犹如石沉大海一般。

阿光的心情开始忐忑不安，此时，他却收到了其中一家公司的来信，信里刻薄地提道："我们公司并不缺人，就算职位有缺，也不会雇用你，虽然你认为自己的英文程度不错，但是从你写的履历看来，你的英文写作能力很差，大概只有初中生的程度，连一些常用的文法也错误百出。"

阿光看了这封信后，气得火冒三丈，好歹也是个大学毕业生，怎么可以任人将自己批评得一文不值。阿光越想越气，于是提起笔来，打算写一封回信，把对方痛骂一番，以消除自己的怨气。

然而，当阿光下笔之际，却忽然想到，别人不可能会无缘无故写信批评他，也许自己真的太过自以为是，犯了一些错误而自己没有察觉。

因此，阿光的怒气渐渐平息，自我反省了一番，并且写了一张谢卡给这家公司，谢谢他们举出了自己的不足之处，用字遣词诚恳真挚，把自己的感激之情表露无遗。

几天后，阿光再次收到这家公司寄来的信函，他被这家公司录用了！

证严法师曾说："一般人常说，要争一口气，其实，真正有功夫的人，是把这口气咽下去。"

人们往往只看得见别人的过错，看不见自己的缺失，面对别人的指责，也常不加自省，反倒以恶言相向来掩饰自己的心虚。

不中听的话是一把锐利的剑，可以刺穿你的心脏，但是你也可以伸手握住它，使它成为你的利器。

言者无意，听者有心，一切在于你如何用心来面对人生的挫折，你可以反驳别人的批评，斥责别人的无知，但这样并不会使你在别人心目中的地位提高，反而得不偿失。

八分的智慧：只有痛定思痛、反求诸己的人，才可以化干戈为玉帛，知过能改胜过学富五车，千金也难买。

世上没有无缘无故地得到和失去

在中国传统思想中，有"吃亏是福"一说。这是中国哲人所总结出来的一种人生观。它包括了愚笨者的智慧、柔弱者的力量，领略了生命含义的旷达和由吃亏退隐而带来的安稳宁静。

唐代的两位智者寒山与拾得（他们二人实际上是一种开启人的解脱智慧的象征）的对话从某种意义上来说对我们很有启发：

一日，寒山问拾得："今有人侮我、笑我、藐视我、毁我、伤我、嫌恶恨我、诡谲欺我，则奈何？"拾得曰："只要忍受之，依他、让他、敬他、避他、耐他、不要理他。且过几年，你再看他。"

如果我们知道福祸常常是并行不悖的，而且福尽则祸亦至，而祸退则福亦来的道理，那么，我们就真的应该采取"愚""让""怯""谦"这样的态度来避祸趋福。所以"吃亏是福"不失为人生一种特殊的处世哲学。"吃亏是福"也是一种生活的艺术。

"吃亏"大多是指物质上的损失，倘使一个人能用外在的吃亏换来心灵的平和与宁静，那无疑获得了人生的幸福。记不清哪位哲人曾写下下面这段令人怦然叫绝的文字，的确是对"吃亏是福"的最好的诠释。在此引用，以与大家共赏：

人，其实是一个很有趣的平衡系统。当你的付出超过你的回报时，你一定取得了某种心理优势；反之，当你的获得超过了你付出的劳动，甚至不劳而获时，便会陷入某种心理劣势。很多人拾金不昧，绝不是因为跟钱有仇，而是因为不愿意被一时的贪欲搞坏了长久的心情。一言以蔽之：人没有无缘无故的得到，也没有无缘无故的失去。有时，你是用物质上的不合算换取精神上的超额快乐，有时，看似占了金钱便宜，却同时在不知不觉中透支了精神的快乐。所以先哲强调："吃亏是福"，就是这样一个道理。现实生活中，很多人以低调的姿态做着各种各样的好事，在不同的程度上，他们当然就是我们常说的"圣人"。

八分的智慧："吃亏是福"，生命中吃点亏算什么？吃亏了能换来非常难得的和平与安全，能换来身心的健康与快乐，吃亏又有什么不值得的呢？况且，在吃亏后和平与安全的时期之内，我们可以重新调整我们的生命，并使它再度放射出绚丽的光芒。

放下是觉悟，更是心灵的自由

两个和尚一道到山下化斋，途经一条小河，两个和尚正要过河，忽然看见一个妇人站在河边发愣，原来妇人不知河的深浅，不敢轻易过河。一个年纪比较大的和尚立刻上前去，把那个妇人背过了河。两个和尚继续赶路，可是在路上，那个年纪较大的和尚一直被另一个和尚抱怨，说作为一个出家人，怎么背个妇人过河，甚至又说了一些不好听的言语。年纪较大和尚一直沉默着，最后他对另一个和尚说："你之所以到现在还喋喋不休，是因为你一直都没有在心中放下这件事，而我在放下妇人之后，同时也把这件事放下了，所以才不会像你一样烦恼。"

放下是一种觉悟，更是一种心灵的自由。

只要你不把闲事常挂在心头，你的世界将会是一片光风霁月，快乐自然愿意接近你！

其实，生活原本是有许多快乐的，只是我辈常常自生烦恼，"空添许多愁"。许多事业有成的人常常有这样的感慨：事业小有成就，但心里却空空的。好像拥有很多，又好像什么都没有。总是想成功后坐豪华邮轮去环游世界，尽情享受一番。但真正成功了，仍然没有时间没有心情去了却心愿。因为还有许多事情让人放不下……

对此，台湾作家吴淡如说得好：好像要到某种年纪，在拥有某些东西之后，你才能够悟到，你建构的人生像一栋华美的大厦，但只有硬体，里面水管失修，配备不足，墙壁剥落，又很难找出原因来整修，除非你把整栋房子拆掉。

你又舍不得拆掉。那是一生的心血，拆掉了，所有的人会不知道你是谁，你也很可能会不知道自己是谁。

仔细咀嚼这段话，其中的味道，我辈不就是因为"舍不得"吗？

不是吗？现代人都精于算计投资回报率，但谁能算得出，在得到一些自己认为珍贵的东西时，有多少和生命休戚相关的美丽像沙子一样在指掌间溜走？而我们却很少去思忖：掌中所握的生命的沙子的数量是有限的，一旦失去，便再也捞不回来。

佛家说："要眠即眠，要坐即坐"，是多么自在的快乐之道啊，倘使你总是"吃饭时不肯吃饭，百种思索，睡眠时不肯睡，千般计较"，这样放不下，你又怎能快乐呢？

庄子云："人生如白驹过隙。"哲人的结论难道不能使人有些启迪吗？我辈何不提得起，放得下，想得开，做个快乐的自由人呢？

八分的智慧：很多时候，我们舍不得放弃一个放弃了之后并不会失去什么的工作，舍不得放弃已经走出很远很远的种种往事，舍不得放弃对权力与金钱的角逐……于是，我们只能用生命作为代价，透支着健康与年华。

第三章　留有余地才会得到空间

人生在世，为人处世都必须留有余地，压上全部就意味着你没有了退路。谁没有个急难之处呢，得饶人处且饶人，有理不妨让几分。给别人面子，人家会记在心里的，也为自己留了后路。

大智若愚，实在是一种智者的行为

大智若愚字面上的意思是指真正有智慧之人表面都显得很愚笨。史书上记载，孔子去访问老子，老子对孔子说："君子盛德，容貌若愚。"这句话的意思是指那些才华横溢的人，外表上看与愚鲁笨拙的普通人毫无差别。

大智若愚，在外表的愚笨之后，隐含无限巧计，如同大巧无术一般，愚的后面隐含着大彻大悟、大智大慧。大智若愚，藏锋露拙，实在是一种智者的行为，用以修身养性，则是一种智慧人生。用来处人待世，则是一种智慧之术。用它可以保全自己，免遭灭顶之灾。

常言道：木秀于林，风必吹之；行高于岸，流必湍之。如果一个人锋芒毕露，一定会遭到别人的嫉恨和非议。这种例子在现实生活中比比皆是。在整个自然界中，各种昆虫被人们视作最无能、最让人任意宰割的生命体了。岂不知昆虫自有一套避凶趋吉的妙法，这就是他们的保护色和伪装术。如变色龙的身体颜色会随着环境的颜色而改变；竹节虫爬附在树枝上如同竹节一般，以此来骗过天敌的眼睛；枯叶蝶在遇到天敌时会装成枯黄的树叶，它的天敌哪里会想到这枯黄的树叶竟然是他苦苦寻找的美味，还有的动物遇危险时装死以迷惑敌人。在人们看来，这些方法未免太低级了，可是正是这些看似无能的方法使动物种群得以生存和发展。

在中国古代，皇帝跟前的王公大臣，可以说是伴君如伴虎，稍有不慎，便有性命之忧，时时刻刻都在战战兢兢，如临深渊，如履薄冰。在这种情况下，大智若愚的人才能独保其身。商纣王在历史上是个有名的暴君，终日饮酒作乐，不理朝政，竟然弄不清年月日，问左右的人也都说不清楚。纣王又派人问箕子，箕子是很清醒的人，他知道这件事后，悄悄对自己的弟子说："做天下的大王而使国家没有了日月概念，国家就危险了。而一国的人都不知道时日，只有我一个人知道，那么我也就很危险了。"于是箕子也假装酒醉，推说自己也不知道今天是几月几日，因此而幸于保命。

大智若愚，不仅是一种自我保全的智慧，同时也是一种实现自己目标的智慧。俗语说"虎行似病"，装成病恹恹的样子正是老虎吃人的前兆，所以聪明不露，才有任重道远的力量。这就是所谓"藏巧于拙，用晦如明"。现实中，人们不管本身是机巧奸猾还是忠直厚道，几乎都喜欢傻呵呵不会弄巧的人，因为这样的人不会对对方造成巨大的威胁，会使人放松戒备和设防。所以，要达到自己的目标，没有机巧权变是不行的，但又要懂得藏巧，不为人识破，也就是"聪明而愚"。

　　八分的智慧：大智若愚并非让人人都去假装愚笨，它强调的只不过是一种处世的智慧，即要谨言慎行，谦虚待人，不要太盛气凌人。这并不是一种消极被动的生活态度。倘若一个人能够谦虚诚恳地待人，便会得到别人的好感；若能谨言慎行，更会赢得人们的尊重。

糊涂一点，反而是一种聪明与智慧

人在许多方面不及动物。比奔跑之快不及马，比力气之大不及大象，比视力之远不及空中的老鹰，比灵活不及水中的小鱼，但人又能驾驭万物，为万物之灵长，这是为什么呢？法国哲人帕斯卡说："人只不过是大自然中最柔弱的芦苇，但他是会思想的芦苇。"芦苇极易受到风雨摧折，正如人人都难免要老病衰亡，但是人能够思想，具有聪明智慧，由此而改变了一切。

人类的历史，实际上就是人类用自己的聪明才智克服重重困难，不断寻找最佳生活方式的历史。和原始初民相比，今天的人类正享受着自己创造的文明：火药的发明、电的发现、印刷术与电脑的创造，都给人类带来了光明。人类插上了自己创造的翅膀，上可九天揽月，下可五洋捉鳖，可以栖居在现实和虚拟两个世界当中。人类似乎变得越来越聪明了，并且也形成了这样一种假象：人无所不能、无所不知。难免不发出这样的感叹：人是多么神圣与伟大！他是天地玉成的精华，是大自然的精灵和主宰。

但是，在这个世界上，有的事人能够做到，但有的事人却难以做到。这就是中国那句古话：谋事在人，成事在天。如果人过于依恃自己的聪明，则极容易聪明反被聪明误，此时，这种聪明就会成为一种糊涂。

人有聪明和糊涂之分，同为聪明人，又有大聪明和小聪明之分；同为糊涂人，则又有真糊涂和假糊涂之分。糊涂往往给人以愚拙的印象。因为或智或愚对人一生的命运关系极大，所以人们大都以聪明为美，表现自己聪明的一面，隐瞒自己笨拙的一面。

有的人的确很"精""很聪明"，处处体现出一种实用主义的色彩，用得着你时，好话说尽，将人说得心花怒放，为他去服务，然而用过之后，就判若两人。此类人的"精"，使人寒心。还有一种人的"精"，"势利眼"得很，将人分成三六九等，对那些有权有势的人，现在或将来自己"用得着"的人，就一副肉麻、谄媚样，令人很不舒服。而对那些普通人或"用不着"的人，就一百个瞧不起，爱理不理的样子，让他人有一种受侮辱、受损害的感觉。此种人自以为很"精"，实是很傻，因为他们的那种"势利眼"和"看人头"的处世方法实际上是在为自己寻找更多的"反对者"。所以亚里士多德说：聪明人并不一味追求快乐，而是竭力避免不愉快。"势利眼"者实质是为自己制造更多的"不愉快"。

真正聪明的人却不这样做。他们信奉大智若愚、大巧无术，他们以大智若愚为美。聪明人几乎都取大智若愚的方式来保护自我。嫉贤妒能，几乎是人的本性，所以《庄子》中有一句话叫"直木先伐，甘井先竭"。一般所用的木材，多选挺直的树木来砍伐；水井也是涌出甘甜井水者先干涸。人也如此。有一些才华横溢的人，因为锋芒太露而遭人暗算。三国时的杨修就是因才盖过主而遭杀身之劫。《红楼梦》中的王熙凤正是"机关算尽太聪明，反误了卿卿性命"。还是中国那句千古名训"大智若愚"为妙。

有时，糊涂一点，反而是一种聪明与智慧，甚至是一种大聪明和大智慧。列宁说过这样一段话：聪明人是不犯重大错误同时又能容易而迅速地纠正错误的人。真正的"精"者，既能明白他周围所发生现象的是是非非，也非常明白自己身上弱点所在。他们善于与他人合作，善于吸收他人的优点来丰富自己、弥补自己的不足。他们从不用语言来显示自己，总使人有一种谦虚、实在的感觉。因而真正的"精"者，永远是生机勃勃的，富于进取精神的。

清代画家郑板桥曾说："聪明难，糊涂难，由聪明转入糊涂更难。"这句话的意思是说：一个人要做到聪明非常困难，一个人要做到糊涂也非常困难，而一个人由聪明升华到糊涂更是困难。可见，对比聪明，糊涂是更高层次的聪明。因为，这种糊涂不是真糊涂，而是不露痕迹的聪明。

八分的智慧：在复杂的世界中，一个人如果能用糊涂的方式去生存，那他就能够避免很多缠绕，达到一种逍遥的境界。

隐藏锋芒可以让你走得更远

智者告诫仁者说：一个聪明而富于洞察力的人身上会潜藏着危险，那是因为他喜欢批评别人。雄辩而学识渊博的人也会遭遇相同的命运，因为他暴露了别人的缺点。所以，一个人还是有所节制为好，采取谨慎的处世态度，不可处处占上风。如果一个人锋芒毕露，一定会遭到别人的嫉恨和非议。就像出头的椽子会先烂掉，太高的树容易遭大风折断。这样的例子在现实生活中比比皆是。

世上的高人往往其貌不扬，由于不太抢眼，可以避免别人的注意力，所谓真人不露相，露相非真人；练就一笔好字的人谎称不会书法，这样可以推掉许多违心的差事；力大无比的人往往装成手无缚鸡之力，紧急时才能够出乎意料地打败来犯者。做人，锋芒太露，就等于把自己的底细给对方交代一清二楚，一旦交起手来，就首先输掉了一半，实难收到突见奇功的效果。

但做人又不能不露锋芒或藏而不露。不露锋芒、藏而不露，总给人一种遮遮掩掩、躲躲藏藏的感觉，让人觉得你这人虚伪无比。不可不露，却又不能太露或乱露，那就只有深藏不露。深藏不露的真谛就在于，不刻意显露。有能力终究是要露出来的，只要时机、地点、人事三者合适。如果有一样不合适，那就不要乱露，以免招来不必要麻烦，徒然增加自己的苦恼。

这种深藏不露的处世智慧与西方张扬个性注重表现有所不同。西方教育注重"表现"，主张"有能力就要表现出来，有一手就要露出来"，否则和没有能力没有什么两样。西方人不但好表现，到处表现，而且还要随时告诉别人自己表现了些什么东西，甚至随身携带一些以资佐证的物件，证明自己确实如此。

中国人当然也明白"表现"的道理，知道"老虎不发威，很容易被当作病猫"。不过我们更了解"虎落平阳被犬欺"的惨痛苦境，在表现之前，先做好"等到达那里，先打听一下当地的情况，再做打算"的准备工作。所以两者的区别不在于表现不表现，而是怎样表现。前者是舍身哲学，主张能露就露，露光了就走路，后者是守身哲学，主张先打听一下，看一看露到什么程度最合理，然后才合理地显露。

深藏不露是为了看一看有没有比自己更合适的人走出来。若大家都争着要露，特别是那些才能平庸，又缺乏自知之明的人，其结果只能是埋没了真正的有才华的人，阻了他们的道。不强出头，其实就是在不应该自己出头的时候，千万不要出头，非要出头不可，也应该设法让别人先出头。万一让不过，才抱着我是不得已而为之的心情来出头。

八分的智慧：没有什么本领的人无需讲究什么深藏不露。因为自己很平庸，就算利用深藏不露来"藏拙"，充其量也只能隐瞒一时，最终会被人识破，结果原形毕露。

善于保存自己才能化被动为主动

"曹操煮酒论英雄"，是我国著名的四大小说之一《三国演义》中一段非常有意思的故事。曹操、刘备二人此次双龙会，自然也足以在古代十大酒局中名列三甲。

话说刘备被吕布所逼迫，败走归顺曹操。后来曹操东征，生擒了吕布，并且将他杀死。刘备跟从曹操回到许都。刘备虽然投靠了曹操，但雄心壮志依然未减。曹操何等人物，遍识天下英雄。他认为刘备乃当时豪杰，虽手下将不过关、张；兵不过三千，但一向"信义著于四海"。一旦羽翼丰满，刘备将是一位非常可怕的对手。与此同时，刘备也素知曹操生性多疑，是当世奸雄。因此时常小心谨慎，以掩饰自己的雄心壮志，以防备曹操得知自己的图谋后加害自己。于是，他就在自己住处的后院种菜，并亲自浇灌，以为韬晦之计。他的结义兄弟关羽、张飞对此非常不理解，问道："兄长！你不留心天下大事，却整天从事这种小人之事，这是为什么呢?"刘备微微笑到说："二位兄弟那就有所不知了。"二人也就不再多言了。

有一天，关羽、张飞都不在，玄德自己正在后园浇菜。许褚、张辽引数十人入园中说："丞相有命，请使君便行。"玄德惊问道："有什么要紧事吗?"许褚回答："不知，只教我来相请。"玄德只得随二人入府见操，心里却忐忑不安。

曹操一见刘备就笑着说："在家做得好大事!"吓得玄德面如土色。曹操笑执玄德的手，直至后园，说："玄德学习种菜，不易啊!"玄德方才放心，答道："无事消遣罢了。"曹操又说："适见枝头梅子青青，不可不赏。又值煮酒正熟，故邀使君小亭一会。"玄德心神方定。二人对坐，开怀畅饮。

酒正酣时，天边黑云压城，忽卷忽舒，有若龙隐龙现。曹操说："龙能大能小，能升能隐；大则兴云吐雾，小则隐介藏形；升则飞腾于宇宙之间，隐则潜伏于波涛之内。方今春深，龙乘时变化，犹人得志而纵横四海。龙之为物，可比世之英雄。玄德游历四方，想必非常了解天下的当世英雄，请在这小小的酒桌上数一数天下的英雄豪杰，不知玄德意下如何？"刘备答道："当今天下的英雄豪杰，据备看来，当数袁术、袁绍、刘表、孙坚、刘璋、张鲁、张绣等人。"不料刘备还未说完，曹操说："玄德此言差矣！凡是英雄，都必须是胸怀大志，腹有良策，有包藏宇宙之机，吞吐天地之气。"刘备继续装傻，问："除了这些人之外，我实在不知道了。那么谁能当之？"曹操指了指刘备，然后又指了一下自己，说："天下英雄，惟使君与操耳！"刘备闻言，心中一惊，手中所持的筷子不慎掉到地上。正巧这时外面雷声大作，将要下雨，刘备灵机一动，便从容俯下身去拾起筷子，说道："雷声太大了，以至于掉了筷子。"曹操笑着说："大丈夫也怕打雷吗？"刘备回答说："圣人说遇到疾雷暴风，必定要改变容色，表示对上天的敬畏。那我怎么能不怕呢？"就这样，刘备就把自己闻言失态的惊恐轻轻掩饰过去了，曹操也就不再怀疑刘备的野心了。

一切事物都是质和量的统一体，质变、量变规律揭示了事物变化发展的形式和状态。量变积累到一定程度就会发生质变。量变的形式有两种：一种是数量的变化；一种是内部结构的调整与变化。急流勇退并不是消极避难，而是养精蓄锐，积极地准备应对。

八分的智慧：古人云："木秀于林，风必摧之。"锋芒毕露的人很容易遭到别人的非议和敌视，在人生的舞台上尤其如此。因此，要善于保存自己，同时不断提高自己，以期寻找机会化被动为主动。

该进则进，该退则退

人世间的冷暖是变化无常的，人生的道路是变化无常的，当你在遇到困难走不通时，或许退一步就会海阔天空；当你在事业一帆风顺的时候，一定要有谦让三分的胸襟和美德，应该把功劳让与别人一些，不要居功自傲，更不要得意忘形。该进则进，该退则退，能屈能伸。

富兰克林小时候到一位长者家里拜访，去聆听前辈的教诲。没料到，他一进门头就在门框上狠狠地撞了一下。身材高大的富兰克林疼痛难忍，不停地用手指揉着自己头上的大包，两眼瞪着那个低于正常标准的门框。出门迎接的长者看到他那副狼狈不堪的样子，忍不住笑起来："年轻人，很痛吧?"这位长者语重心长地说，"这可是你今天来这儿的最大的收获。"

一个人要想在世上有所作为，"低头"是少不了的。低头是为了把头抬得更高更有力。现实世界纷纭复杂，并非想象的那么一帆风顺，面对人生旅途中一个个低矮的"门框"，暂时地低头并非卑屈，而是为了长久地抬头；一时的退让绝非是丧失原则和失去自尊，而是为了更好的前进。缩回来的拳头，打出去才有力。

富兰克林终生难忘前辈的忠告，将"学会低头，拥有谦逊"作为自己生活的准则和座右铭，并且身体力行，后来终成大器，卓有建树，被誉为"美国之父"。

八分的智慧： 只有采取这种积极而且明智的初始方法，才能审时度势，通过迂回和缓而达到目的，实现超越。对这些厚重的"门框"视而不见，傲气不敛，硬碰硬撞，结果只能是头破血流，成为摆在风车面前的"唐诘诃德"。

谦而不争是一种大智慧

丙吉是西汉鲁国人。他自幼学习律令，曾任鲁国狱吏，因有功绩，被提拔到朝中任廷尉右监，后来调到长安任狱吏。宣帝即位后任御史大夫、丞相等职。

汉武帝末年，发生了"巫蛊之祸"，祸及卫太子。汉武帝在盛怒之下命令追查卫太子全家及其党羽。卫太子被迫自杀，全家被抄斩，长安城有几万人受到株连。当时，后来成了汉宣帝的病已刚生下来几个月，也因卫太子的事被牵连入狱。丙吉奉诏令检查监狱时，发现了这个小皇曾孙。丙吉知道卫太子被害并无事实根据，因此，对于皇曾孙的遭遇很是同情。丙吉就暗中让两个比较宽厚谨慎，又有奶的女犯人轮流喂养这个婴儿，每天亲自去检查喂养情况，不准任何人虐待这个孩子。若是没有丙吉的关怀爱护，可怜的皇曾孙或许早就死在狱中了。

后元二年，汉武帝生病，有一个会看天象的人说："我们看到长安监狱的上空有天子贵人之气。"汉武帝便下令将监狱里的囚犯统统杀掉，并派郭穰连夜来到监狱。丙吉得知后立即关闭监狱门，不准郭穰进去，还说："监狱里面是有一个无辜而又可怜的皇曾孙，无缘无故地杀死普通的人都不应该，何况这个孩子是皇帝的亲曾孙啊？"说完，丙吉就坐在监狱门口，双方一直僵持到天明。郭穰进不了监狱，便回去向汉武帝告丙吉的状。汉武帝听了禀报后，有所醒悟并说："这大概也是天命吧！"于是下令把监狱里关的死囚一律免去死罪，皇曾孙得以保全下来，但是皇曾孙体弱多病，在一次大病痊愈后，丙吉给皇曾孙起名叫"病已"，意思是病已全好了，再也不会得病了。

丙吉知道把皇曾孙长期放在长安监狱中总不是办法，他听说有个叫史良娣的人忠厚可靠，就驾车把皇曾孙送到她家抚养。汉昭帝继位后不久，就死了，由于昭帝无子，造成了无继承王位之人的局面。大将军霍光与车骑将军张安世便商议如何立新帝。丙吉此时任大将军府长史、光禄大夫、给事中等职务。他对霍光说："如今国家百姓的性命就掌握在将军手中了。皇曾孙病已寄养在民间，现年已十八九岁了。他通晓经学儒术及治国之道，平日行为谨慎，举止谦和，是理想的继承人。希望将军明大义，参考占卜的结果，先让他入宫侍奉太后，待天下人明白真相后，再决定大策，辅立即位，这是天下人的大幸啊！"霍光采纳了丙吉的奏议，辅佐皇曾孙登基，这就是汉宣帝。汉宣帝即位后，封丙吉为关内侯。

丙吉为人深沉忠厚，从不炫耀自己的长处和功劳。丙吉对病已在危难之中有养育呵护的大恩大德，丙吉绝口不谈自己的护驾之功，因此，汉宣帝根本就不知道丙吉对自己有如此大的恩德，朝中也没有人知道他的大恩大德，丙吉依然毫无怨言地为国事尽心尽力。等到霍氏被诛灭，宣帝亲政，并亲自过问尚书省的事情。但是，出乎意外的是，一位名叫则的宫婢说她曾经有保护养育皇帝的功劳。汉宣帝诏令官员查问此事，宫婢就说："此事的详情丙吉都知道。"丙吉认识这个宫婢，她根本就不是喂养过皇帝的乳母。丙吉指着宫婢说："是曾经让你照顾这皇曾孙，但是你不尽心喂养，你还有什么功劳好讲的。只有渭城的胡组、淮阳的郭征卿才是对皇帝有恩的人。"这样汉宣帝才恍然大悟，知道丙吉是自己在大难之际的救命恩人。汉宣帝立即召见丙吉，称赞他有如此大的功德，平日却只字不提，真是难得的贤臣。于是下令封丙吉为博阳侯，升任丞相。

临到受封时，丙吉正好病重，不能起床。皇帝就让人把封印纽佩戴在丙吉身上，表示封爵。但是，丙吉依然是那样的谦恭礼让，一再辞谢。当他病好后，正式上书辞谢对他的赏赐，谦虚地说："我不能无功受禄，虚名受赏。"汉宣帝感动地说："我对你进行封赏，是因为你对朝廷确实立有大功，而不是虚名。可是你却上书辞谢，我要是同意了你的辞谢，就显得我是一个知恩不报的人了。现在天下太平，没有太多的事，你尽管安心养病，少操劳，只要你把身体保养好了，其他一切事你就放心好了。"就这样丙吉才不得不接受封赏，从此，为朝廷更加尽忠尽职。

常言道："救人一命，胜造七级浮屠。"在腥风血雨中，丙吉冒着生命危险，不但救了皇曾孙的命，将他抚养长大，而且辅佐他登上皇帝的宝座，此恩可谓深似海，此德可谓比天高。但是丙吉却绝口不提。这既说明了他有高尚的品德，也表现出了他深沉的处世智谋。

因为，从处世的智谋说，大德不言谢，是一种避祸自保的韬晦之计。侯门似海，君心难测，皇帝对臣下的要求，历来是只准你出力，不准你邀功。丙吉对此是不会不知道的。

八分的智慧：在现实生活中，谦而不争，可以赢得他人的敬佩。而在领导看来，对一个稳妥的下属，也会比较信任和器重。

尊重他人，他人才能尊重你

齐桓公是春秋初期齐国国君，军事统帅。姜姓，名小白。

春秋时，齐国的国君有两个儿子：一个叫纠，一个叫小白。齐桓公就是后者——公子小白。当时，管仲跟随公子纠，而他的朋友鲍叔牙则跟随公子小白。当齐国发生内乱时，纠与小白分别逃到邻国。后来，齐国君齐襄公被杀，公子小白率鲍叔牙等人，公子纠率管仲等人，分别向齐国进发，争夺王位。两股队伍在山东路上相遇。管仲为把公子纠扶上王位，对准公子小白射了一箭，而且正好射中。管仲等人都以为公子小白已死，便带着公子纠慢悠悠地向齐国前进。然而，公子小白并没有死，那一箭只射在了衣钩上。他带领人马加紧前进步伐，抢先回到了齐国，于是登上了王位，当上了齐国的国君，他就是历史上有名的齐桓公。

齐桓公为了感谢鲍叔牙，决定任用鲍叔牙为相，并下令捉拿杀死管仲。鲍叔牙却推荐自己的好朋友管仲为相，自己情愿当副手。齐桓公很是想不通，但鲍叔牙却说："那时我与管仲都是各为其主，管仲在射您的时候，他心中只有公子纠。我们二人相比，管仲要强我千万倍。如果您想富国强兵，成就霸业，非得用管仲为相不可。您要是重用他，他将为您射得天下，哪里只射得衣带钩呢？"于是，齐桓公便不计前嫌谦恭地拜管仲为相。

齐国在今山东省的北部，是东方一个大国。它地处海滨，拥有丰富的渔盐和矿藏，从太公开始，就"通商工之业，便渔盐之利"，到了春秋年间，农业、手工业，特别是冶铸、纺织取得了迅速的发展。当管仲被拜为相后，他心里万分感激，衷心效主。为相后果真不同凡响，对内积极地推行一系列富国强兵之策，实行经济、政治、军事诸多方面的整顿改革，使齐国国力骤增；对外打着"尊王攘夷"的口号，组织齐、鲁等八国，讨伐不向周王进贡的蔡、楚两国，另一方面又帮助燕、卫等国反击少数民族的进攻，终于使齐国成为众诸侯国的领袖，齐国也由乱而治，称雄于诸侯，并使齐桓公成为春秋五霸之一。

除了齐桓公谦恭得管仲外，齐桓公还谦恭礼待下士深得人心，为他的霸业奠定了坚实的基础。《吕氏春秋·下贤》中记载了这样一个故事。

有一次为请教霸业之事，齐桓公去拜见小臣稷，他一日之内去稷那拜访了三次，都没有能见到稷，跟随齐桓公的侍从们都不耐烦了。侍从们说道："尊敬的万乘之君，您去见这么一个小小的官吏，一天之内来了三趟都还没见到，就此作罢，别再去了吧。"齐桓公回答道："那怎么能行？蔑视权贵的臣子，固然会轻视他的主人；而蔑视霸业的主人也会轻视他的臣子。纵然你蔑视权贵，我哪敢轻视霸业呢？"侍从们听后都暗自佩服齐桓公的宽阔胸襟和谦恭待士的高贵品格，都不再多说什么了。

于是，齐桓公锲而不舍连续五次拜访后最终见到了稷，虚心向他请教霸业的事情。稷得知齐桓公已五次来访的事后很受感动，与齐桓公促膝长谈。齐桓公受益匪浅。这件事很快就传为了佳话。大家都说："桓公都能礼贤下士，何愁国家不兴？"于是，众士归之。桓公所以九合诸侯，一匡天下者，遇士于是也。诗云："有觉德行，四国顺之。"齐桓公就是最好的例子。

躬身待人，是对人的尊重，而敬人者人恒敬之，人与人之间的关系往往就是如此。有大才之士不会屈膝求人，居高位的人要向他请教，就要躬身以待，他才会因为感激而尽力相助。齐桓公身为一国之君主，为求教霸业之士，不计身份五次拜见布衣之士，不厌其烦，最终得见。足见其为实现称雄诸侯的千秋伟业的气魄，也有礼贤下士、谦恭待士的心胸气度。

八分的智慧：即便你有雄才大略、足智多谋，但一个人的力量有时往往是单薄的。"众人拾柴火焰高"，"三个臭皮匠顶个诸葛亮"，身居高位的人要有礼贤下士的胸怀，谦恭地对待属下，集众人的力量为己所用，以实现自己的既定目标。在一个团队中，领导者特别要注意运用这种智谋。

看透事物的本质才能全身而退

　　王翦是秦代杰出的军事家，是继白起之后秦国的又一位名将，与其子王贲在辅助秦始皇统一六国的战争中立有大功，除韩之外，其余五国均为王翦父子所灭。

　　战国末年，秦王嬴政灭亡了韩、赵、魏三国，赶跑了燕王，多次击败楚军。秦王政准备一鼓作气，吞并楚国，继续统一中国的大业。为此，他召集文臣武将们商议灭楚战争。

　　青年将领李信，在攻打燕国时，曾以少胜多，逼得燕王姬走投无路，只好杀了专与秦王作对的太子姬丹，向秦王谢罪求和。秦王认为李信忠勇贤能，很是赏识他。所以，他首先问李信："李将军，你看吞并楚国需要多少人马呢？"李信年轻气盛，不假思索地回答："二十万人足够了！"秦王暗暗称赞李信果然是少年英雄。秦王又把目光转向老将王翦，问道："王将军，您的意见呢？"久经沙场的老将王翦，已经觉察出秦王对李信意见的倾向，他神色凝重地面对秦王，回答说："灭楚，非六十万大军不可。"秦王听了，冷冷地说："哼，哼，看来，王将军果真是老了，为什么这么胆怯呢？还是李将军有魄力，我看他的意见是对的。"于是，秦王就派李信和蒙恬率领二十万大军南下攻楚。王翦因为自己的意见没有被秦王采纳，就托病辞官，归老家频阳养老。这时的秦军在李信的率领下攻平与，蒙恬攻寝丘，大破楚军。李信又乘胜攻鄢、郢，均破之。于是引兵向西与蒙恬军会师城父。谁知项燕率领的楚军乘机积蓄力量，楚军趁势尾随追击秦军，三天三夜马不停蹄，攻入秦军的两个壁垒，杀死七名都尉，李信的部队大败而归。

　　秦始皇闻秦军失败，非常生气。他终于知道王翦的确有远见，因此，立即将李信查办革职。然后，亲自飞马前往频阳，请老将王翦出马，统帅灭楚大军。秦王向王翦道歉，说："由于寡人没有听从将军的意见，轻信李信，李信终使秦军受辱，误了国家大事。现在楚军天天西进。将军虽有病在身，怎能忍心背弃寡人？务请将军抱病上阵，出任灭楚大军的统帅。"王翦推辞道："老臣体弱多病，狂暴悖乱，脑筋糊涂，希望大王另选良将。"秦王嬴政恳求道："好了，老将军就不要再推辞了。"王翦说："如果大王一定要任用我为灭楚大军的统帅，那就非六十万人马不可。"秦王连忙说："我完全按照老将军的意见办。"

随后，王翦率领六十万大军出发攻楚，六十万人马，几乎是秦国的全部军力。王翦统帅六十万军队，等于完全掌握了秦国的兵权，秦王嬴政当然不会完全放心。大军出征那天，秦王亲自率领文武百官送行到灞上。王翦深知秦王嬴政为人多疑不信，因此，喝了饯行酒后，王翦便请求秦王赐给他一大批良田、住宅和园林。秦王听了，笑道："老将军放心地去作战吧。你是寡人的肱股之臣，我富有四海，你还用得着担心贫穷吗？"王翦说："大王废除了裂土分封制度，臣等身为大王的将领，虽立战功却终不得封侯。所以只得趁着大王还相信我的时候，请求多恩赐些良田、池塘、住宅、园林，作为留给儿孙们的产业。"秦王笑着答应了。

王翦到达函谷关后，先后五次派使者回朝廷，请求恩赐良田、住宅、园林和池塘。有的部将对王翦的做法不理解，问王翦说："老将军这样不厌其烦地请求赏赐，不是太过分了吗？"王翦说："不，我这样做，是为了解除后顾之忧。秦王的为人你们不是不知道，他粗暴又对人不轻易相信。为了灭楚，他如今把六十万大军全部交给我指挥，他心里不会不对我产生疑虑。我只有以多请田宅作为子孙基业的方法来稳固自家，打消秦王对我的怀疑，认为我并没有什么野心，从而使他不再疑心我军权在握会威胁到他的王位。"

秦王果然因此而相信王翦没有异心，放手让他统军对楚作战，不到一年的时间就吞并了楚国。王翦功著而晋封武成侯。

八分的智慧：大凡有心计的政治家，都知道释疑避谗，必须讲究艺术，而不能直来直去地分辩。在事业上，老黄牛的实干精神是必要的，但不能只埋头拉车，不抬头看路。只有时刻提防来自四面八方的谗言，消除来自顶头上司的疑忌，才能保证劳而有功。这也是一种与上司相处的智谋。

做事留有余地才能趋福避祸

萧何是中国历史上著名的丞相，汉初"三杰"之一，沛县丰邑人。他不论在战争期间，还是在汉初恢复时期，都表现出了中国古代杰出政治家的风度和治国才能，几千年来都被人们所称颂。

汉高祖十一年，陈豨谋反，刘邦亲自率兵出征，到了邯郸，还没等罢兵，淮阴侯韩信谋反关中，吕后采用萧何的计谋，诛杀了韩信。刘邦听说韩信被诛杀后，便派使者来拜萧何为相国，同时加封五千户，并派了五百名士兵和一名都尉作为萧何的侍卫队。当天，一些官员前来祝贺，萧何在府中摆酒款待他们，喜气洋洋的。突然有一个名叫召平的人，穿着白衣白鞋，进来吊丧。萧何见状大怒。召平却不慌不忙地对萧何说："相国，我是来给您提醒的，您的大祸就要临头了。"萧何大惊，忙问："我又没有犯什么过错，没犯什么法，怎会有什么大祸？相反的是，当今皇上还对我恩宠有加，你难道不知道皇上对我的赏赐吗？"这人说："我当然知道，可是，你仔细想一下，您现在身为相国，功列第一，还能有比这更高的封赏吗？况且您一入关就深得百姓的爱戴，到现在已经十多年了，百姓都拥护您，您还在想尽办法为民办事，以此安抚百姓。皇上在外风餐露宿，而您长年留守在京城，并没有冒被弓箭射中的危险，却加官晋爵，添置卫队，这并不是宠爱你。韩信起兵谋反，刚刚被镇压下去，皇上对您的衷心也产生了怀疑，皇上赏赐你，不是为了奖赏你的功劳，而是为了试探你。希望您不要接受皇上的封赏，并且把全部家产献出来用以资助军队。这样才能消除皇上对您的疑心。"萧何听从了他的建议，刘邦见萧何如此谦逊，非常高兴。

同年秋天，鲸布谋反，汉高祖又率兵出征，但是他身在前方，每次萧何派人输送军粮到前方时，刘邦都要问："萧相国在长安做什么？"使者回答，萧相国爱民如子，除办军需以外，无非是做些安抚、体恤百姓的事，就像皇上从前讨伐叛子陈豨时所做的那样。刘邦听后总默不作声。使者回来后告诉萧何，萧何也没有识破刘邦的用心。

有一次，萧何偶然和一个门客谈到这件事，这个门客忙说："这样看来您不久就要被满门抄斩了。丞相，您想想，现在皇上带兵在外打仗，他之所以几次问您的起居动向，就是害怕您借关中的民望而有什么不轨行动啊！如今您何不贱价强买民间田宅，发放一些低利息的贷款以玷污自己的声誉，故意让百姓骂您、怨恨您，制造些坏名声，这样皇上一看您也不得民心了，才会对您放心。"萧何长叹一声，说："我怎么能去剥削百姓，做贪官污吏呢？"门客说："您真是对别人明白，对自己糊涂啊！"萧何又何尝不知道这个道理，为了消除刘邦对他的疑忌，只得故意做些侵夺民间财物的坏事来自污名节。不多久，就有人将萧何的所作所为密报给刘邦。刘邦听了，像没有这回事一样，并不查问。当刘邦从前线撤军回来，百姓拦路上书，说相国强夺、贱买民间田宅，价值数千万。刘邦回长安以后，萧何去见他时，刘邦笑着把百姓的上书交给萧何，意味深长地说："你身为相国，竟然也和百姓争利！你就是这样'利民'吗？你自己向百姓谢罪去吧！"

刘邦表面让萧何自己向百姓认错，补偿田价，可内心里却窃喜。对萧何的怀疑也逐渐消失。

辩证法告诉我们：矛盾是推动事物发展的动力，矛盾的双方既相互依赖又在一定条件下可以相互转化。要善于看到由福到祸和由祸到福的相互转换，并采取相应的对策，使事情向有利于自己的方向发展。

八分的智慧： "福兮祸之所伏；祸兮福之所倚。"福来之时不必过喜，要能恰如其分地承受；祸来之时也不必沮丧，要学会及时适当地自救，注意看透它们所有或即将有的过渡转化，推动事情向有利于社会大众，有利于自己的方向发展。

第四章 律己太严只会伤及自身

　　清代的钱泳曾有云："贫贱近雅，富贵近俗，雅中带俗，可以资生，俗中带雅，可以处世。"过分要求自己、过分的追求万无一失，最终只会弄得自己很累，而结果不会因此而变得更好。

唯有自己，才能真正地解放自己

美国有一位企业家，他身缠亿万家产，然而却在过节的时候一脸苦笑："现在有了钱，我又不知道该享受些什么了！"

今天没有人再像古人那样追求"一箪食、一豆羹"的清贫生活，但天天鲍参翅肚，似乎又有暴殄天物之嫌。追求豪宅、名车、时装就和去吃鲍翅一样，属于一种不入流的情趣。赌博可以博一乐，但十赌就会有九输，再说赌博于法于理于修养都不容。去追求美色？更不可取。毕竟，重循三妻四妾的封建孽俗只能被人所取笑。

"你最钟爱的是什么？充满了你的心灵，让你感到无比幸福的又是什么？"你若认真反思自己的内心需求，一定可以找出答案。

在夜深人静的晚上，对着一幅自己的艺术作品不停地看，然后闭目，记住它并遐想。在洗心养神之际，你也许想起了一段童年的往事，也许想起了自己曾经历的最血光的商战，也许……这也算是一种雅俗之间的"资生""处世"之道吧。蒙田说过："世界上最重要的事莫过于懂得让自己属于自己"，"必须阖门闭户重新拥有自己"。

高度发达的现代社会要求人们必须为此奢华付出的最沉重代价，莫过于不能拥有自己。在高速度、快节奏、强耦合、多关联的现代社会中，人们失去了往日的悠闲，精神上高度紧张。万千讯息奔来眼底，瞬息万变的事物需要及时处理。在眼快、手快、脚快、嘴快、反应快，五官四肢躯体综合大繁忙中，唯一闲置起来的却是一个思考的大脑。静不下来的头脑形同空置。大脑需要在宁静中工作。快节奏生活可能训练出快速机敏、准确反应的大脑，却往往失去了哲人式的恬静深思的大脑。

那种总揽全局的综合审视，大尺度联系的高阔视角，复杂脉络的仔细梳理，缠绕层面的小心剥离，以及思路不通、灵感未至时的耐心等待，找到突破点后的深入掘进，融会贯通后的乘势扩展……这一切都必须有一个从容自由的头脑，一个宽舒自主支配的生存空间，以及一个宁静无噪、无扰无虑的平和心境。

而在嘈杂忙乱中生活的现代人大多是"失静"之人。你必须属于快速的"流"，人生如萍，宛若不系之舟，在疾流簇拥下，最难自持。崇尚简单生活的梭罗是持有自家生命宝贵的真正富有者，能够最自由地支配自己的生命。他认为："一个人越是有许多事能够放得下，他越是富有。"他悠然地说："我最大的本领是需要极少"，"我爱给我的生命留有更多的余地"。生命在他手中支配得游刃有余。与此相反，一些拥有大量金钱的富翁，却被自己的黄金"焊"在某个高位上动弹不得。梭罗不无怜悯地说："我心目中还有一种人，这种人看来阔绰，实际上却是所有阶层中贫穷得最可怕的。他们固然已积蓄了一些闲钱，却不懂得如何利用它，也不懂得如何摆脱它，因此他们给自己铸造了一副金银的镣铐。"位高自囚，富极如贫，事物常常是这样两极相通。街头警车呼啸而过，不是外国元首就是本国犯人；总统和穷光蛋口袋里都一文不名；女王和拾荒妇都不需要名片。生活中的辩证法值得深深品咂。

一个人属于自己的重要标志是拥有能够独立思考的头脑。有些哲思未泯的人总想挣脱"失静"状态，寻觅净地，力图重新拥有自我。

历代许多著名的中外学者、思想家、文学家，他们也许生活得并不拮据，有的甚至相当富有，拥有自己的庄园城堡，但他们几乎无一例外地都过着"简单的生活"。梭罗更是这方面的典范，在瓦尔登湖畔，他凭借着简单而丰富多彩的生活为自己赢得了充裕的自由支配的时间。他说："因为我对某些事情有所偏爱，而又特别重视我的自由，因为我能吃苦，而又能获得成功，我并不希望花掉我的时间来购买富丽的地毯，或别的讲究的家具，或美味的食品，或希腊式的或哥特式的房屋。"由于挣脱了生活中的繁琐冗杂，梭罗才能够静静地阅读与思考，他说："我的木屋，比起一个大学来，不仅更宜于思想，而且更宜于严肃的阅读。"瓦尔登湖真不愧是治学圣境。正如蒙田所言："我们要保留一个完全属于我们自己的自由空间，建立起我们真正的自由和最重要的隐逸与清静。"正是在瓦尔登湖隐逸的自由空间里，梭罗为我们留下了如此睿智优美、充满人生哲理的圣洁文字。

八分的智慧："自我"并非隐藏在你的内心深处，而是在你无法想象的高处，至少是在比你平日所认识的"自我"更高的层次里。真正认清你自己的内心渴望，唯有发自你的天性。唯有自己，才有资格成为自己的安慰者与解放者。

苛求完美是戕害我们心灵的毒物

每个人都是独立的，一个人接纳另一个人很难，但一个人接纳自己更难。我们时常对自己不满，为自己的缺点懊恼与烦闷，千方百计想掩饰。自己面对自己时，我们常常会陷入惧怕与悔恨中不能自拔。

但是，自己又不像别的物件，不喜欢了就可以随时扔掉；也不和别人一样，合得来便相处，合不来便分手，用不着去委曲求全。我们自己不可能把自己扔掉，除非自己结束自己的生命。自己随时都在纠缠着自己，无论你情愿也好，不情愿也罢，满意时，它和你在一起，不满意时它同样不会离开你。生命的无奈也在于此。

有的人很早就接受了自己，有的人至死都无法接受自己。

谁都想成为一个完美的人，想生活在完美的世界中。我们总期望着自己更漂亮些，更动人些，因为美丽不仅带给我们感官的愉悦，还会让我们本能地自信。

尽管我们知道，相貌、性格和生命一样，都是我们所不能自由选择的，然而，对于自己的不满意，却时刻折磨着我们。丑陋使我们不敢大声讲话，不敢仰起头走路，不敢面对他人的注视，在美丽的人面前，我们更本能地感到自卑。总希望有一天，魔镜会突然出现，告诉你是天下第一美人。

性情也是我们在不知不觉中形成的。虽然我们并不对自己的容貌与性情负完全的责任，但我们却不得不每日面对它。苏格拉底能够认识自己，接受自己，才宣称自己自知其无知。我们虽不能像苏格拉底那样，自知自己无知，但接受自己是无知的，却是可以做到的。

接受自己，有多种方式，因为，世界上有照脸的镜子，但没有照心的镜子，也因为，这都是自己的私事，别人可干涉不上。

比较世俗的一种是若隐若现。对自己的优点，我们不去自己挑明，而千方百计诱导别人说出，虽然只是说的人不同，可这其中的奥妙就很深了。自己说的，那叫自我吹嘘，叫逞能；别人说的，是"客观"，是"实事求是"。聪明的人最善用这一招，临了还会让对方说一句，你真谦虚。

对于自己的缺点，我们难以接受，更不愿意被别人指出，尤其是当众指出。领导每次作完报告都要说"欢迎批评指正"之类的话，你可千万不要当真。这意见不能"指"，更不能"正"，只能当作没有，最好本来就没有。不然，你肯定会免费获得许多"小鞋"穿。

比较聪明的一种是：人贵有自知之明。只有自己知道了，自己觉察出问题，神不知鬼不觉地改掉，这才是上上之策。

明智的做法就是，三缄其口。不要那样不厌其烦地告诉别人"我还有点自知之明"，那其实是在自欺欺人，一味地想要改变自己，求全求多。内向的人，希望自己能开朗些，外向的人希望自己深沉些，直率的人希望自己圆滑世故些，圆滑世故的人希望自己简单快乐些，都是没有意义的。

做人要接纳自己，不要掩饰自己，嘴上一套心里一套，浑浑噩噩，得过且过，也不要我行我素，刚愎自用。接纳自己，实质就是理解自己。接受自己的优点，我们便多一分自信，接受自己的缺点，我们便多一点理智。表现得坦坦荡荡、光明磊落、平和、不做作、不炫耀。

接纳自己需要勇气，也需要毅力。接纳自己，是一个漫长而艰苦的过程，也是一个人长大、成熟的过程。这当然是一个痛苦的经历，因为我们会逐渐发现，自己不是那样完美，也不可能变成理想的自己，接纳自己的优点也接纳自己的缺点，直面自己的优点需要勇气，直面自己的缺点更需要坦诚，需要包容。

现实粉碎着我们的理想，也粉碎着我们对自己的梦。接受真实的自己，客观地对待自己，我们就能善待自己，善待他人。

八分的智慧：认识自己的优点和缺点，明白自己想做的不一定就能做，明白自己做的不一定全能做好，我们便会自信、自制、自强，生活便多一些快乐，少一些烦恼。相反，斤斤计较自己的缺点，不原谅自己的失误，则会使我们沮丧、自卑。

别因偏执让自己生活得太累

世界上没有与你完全相同的人。偶尔会有外貌上极其相似的人，但是，却不会分毫不差地完全一模一样。正如专家们所指出的："从遗传角度看，同一人物根本不可能在人类历史上第二次出现。"你就是你，在你之前在你之后，不存在第二个你。从这个意义上看，你的确是一个无可替代的存在体。

人类是大自然经过漫长的运作而造就的宇宙间最为高级的杰作之一，确实是一种神秘的存在物。人与人的长处或个性等各不相同，这几乎令人难以置信。你或许并不拥有其他人的长处或者个性，不过，反过来你必定拥有只属于你自己的长处或者个性，其他人则不会拥有属于你的长处或者个性，也不会拥有你的才能、素质以及能力，等等，在地球上乃至整个宇宙间，只属于你一个人独有。

所以，你不要拿自己与他人相比较。尤其是与其他人相比而产生自卑感等等的情形，更是荒唐可笑。原本就不一样的东西是怎么能够进行比较呢？为实现自我价值，为取得成功，你必须发挥你的长处以及个性。因此，最重要的是全力投身于自己兴趣十足的事业中。

不少在其从事的工作到达巅峰并取得举世瞩目的成就的人，都曾经有过一段被别人贬斥的经历。例如，被人家认定："你根本不行""你能有什么才能？""得了吧，做下去有什么结果？"等等，备尝打击的苦涩。假如他们接受别人的这种评估而放弃努力，那决不会拥有灿烂的成功光环。但是，他们面对这样那样的贬低毫不动摇，始终坚定不移地向着既定目标努力。在苦难中奋力向前跋涉，终于走向了成功。

即使是一个卓绝超群的人，也没有谁能够凭借火眼金睛断言你将来是否会成功。所以，不必在意周围人的闲言碎语，你只要沿着自己认定的道路全力向前挺进，那么在道路的尽头，成功正等待你。

人在痛苦、绝望的边缘，根本不会想到自己将来会走向成功、走向幸福。

但是，即使是在最恶劣的处境中，成功与幸福的可能性依旧深深地、静谧地隐藏在你的体内。

一个人，如果可以明白自己将来要成名于天下的话，那么，眼前任何深重的苦难他都能忍受。遗憾的是，任何领域任何杰出的人物，都不能够正确预知自己的未来或者自己获取成功的才能。因此，如果有一天你万一感到"绝望啊！""彻底完了！""我是这世上多余的一个人！""只有死路一条！"等等，那么千万不要灰心丧气，不要消沉，不要堕落。

八分的智慧：你在思考着如何放弃的时候，你的体内依然孕育着未来成功与幸福的种子。千真万确，你务必牢牢地记住这一点。

不刻意掩饰缺陷的人更真实

其实，心灵的力量是很容易培养的，因为人的心灵是很单纯的，唯一的要求是要相信你自己，肯定你自己，相信你自己是个，勤奋、努力、认真、节俭的好人，肯定自己的大方、仁慈、善良……但是，要人相信自己的最大困难，就是人永远与别人比较：我不够好，因为别人比我更好；我不够仁慈，因为有人比我更仁慈；我不够漂亮，因为……

活着，是一种责任，最重要的是要有爱，爱自己、爱他人，这才是生命的意义。学会爱自己的第一步是不再用别人的标准来评判自己，而必须建立起自己的一套价值标准。然后把它作为生活的依据。我们还必须学习如何与自己相处，不要常常批判自己。我们可以通过以下做法帮助自己喜欢自己：

第一，跳出"与别人比较"的模式，而成为与"自己比较"的独立的自我。做到这点很不容易，因为我们从小到大所受的教育与社会影响多半是与别人比较，我们已经养成了习惯，但习惯是可以改变的，凡事开头难嘛，选最好找一个好朋友一起做，彼此鼓励，彼此切磋与支持。

第二，写下你所有的优点。有的人在写自己的优点时觉得很困难，但要他们写缺点时，却又快又好，所以请大家花一点时间想想自己的优点，若想不出来，就问朋友或家人，有时候反而是别人知道我们的优点比我们自己知道得多。

第三，每天早上、中午及晚上念自己的优点三遍，刚开始可能觉得不自然，甚至有些虚假，有了这种感受而仍然去做，在做了一段时间之后，你会发现优点增加了，就加上吧？选越多越好。

第四，每天记下自己所做的好事、好的表现，如'努力""认真""勤劳"等上面打一个记号，在需要改进的事及欠缺的方面，如"骄傲"、"懒惰"等上面打一个记号，在晚上做一个总记录，做完记录之后，好好地欣赏与肯定自己所做的好事；对需要改进的事则告诉自己说：今天我有些自私，明天我会改进，做得更好些。要谢谢今天所发生的一切人、事、物，感谢它们使你有学习、改进和成长的机会。

第五，用幽默的态度"嘲笑"自己做得不够好的地方，而不要严肃地责怪自己：你看，你又犯了这毛病，怎么搞的，你怎么这么笨，老是学不会，难怪别人都不喜欢你？选——转换成：哈哈哈，你看你，又犯错了，我是很努力了，但下次要更小心点，更努力点，哈哈哈……

第六，学习多欣赏别人的优点，包容别人的缺点。

"自爱"对每一个正常人来说，是很健康的表现。为了从事工作或达到某种目标，适度关心自己是绝对必要的。因此，要想活得健康、成熟，"喜欢你自己"是必要条件之一。

每个人都具有一定的作用，可以在生活中表现出来。这种作用必须依着自己的个性表现出来，而不是模仿他人。明白了这点，才会对自己产生信心。

八分的智慧：懂得爱自己，就不要苛待自己，再完美的人也会和一般人一样犯错误，我们何必要因此而痛恨自己，不爱自己了呢？有时候，我们要练习自我放松，取笑自己的某些错误，要学习喜欢自己。因为只有喜欢自己的人，才会让别人喜欢。

忍受住屈辱才能成就强大的自己

大凡胸怀大志，打算干一番轰轰烈烈的事业的人，都能屈能伸。这就好比一个矮小的人，要登高墙，必须要寻找一个梯子作为登高的台阶，假如一时寻找不到梯子，那么，即使旁边有一个马桶，未尝不可利用作为进取的阶梯。假如嫌它臭，就爬不到高墙上去。当初，张良、韩信就是刘邦的梯子，韩林儿就是朱元璋的马桶。

韩信年少时曾受过胯下之辱，但他并不是懦夫。他之所以忍受这样大的屈辱，是因为他的人生抱负太大了，小不忍则乱大谋。后来跟随刘邦逐鹿中原，风云际会，先后做过齐王和楚王。在他与部下谈起这件事时说：难道当时我真没有胆量和力量杀那个羞辱我的人吗？而是如果杀了他，我的一生就完蛋了，我忍住了，才有今天这样的地位和成就。

制定了目标后，往往在实践过程中都会遇到这样那样的困难和挫折，致使你气愤、胆怯、自卑、情绪冲动、灰心丧气、意志动摇等，立志愈高，所遇到的困难就愈大，猝然临之而不惊，无故加之而不怒，这就是大丈夫能屈能伸、乐观坚毅精神的表现。

苦难是一种前兆，也是一种考验，它选择意志坚韧者，淘汰意志薄弱者。要达到奇伟的人生境界，要成就任重道远的伟业，必须具有远大的志向和极端坚韧的品质。

一场大雪过后，树林里出现了有趣的现象，只见榆树的很多枝条被厚厚的积雪压得折断了，而松树却生机盎然，一点儿也没有受到伤害。原来榆树的树枝不会变曲，结果冰雪在上面越积越厚，直到将其压断，实在是备受摧残。而松树却与之相反，在冰雪的负荷超过自己的承受能力时，便会把树枝垂下，积雪就掉落下来。松树树枝因能向下，使雪易滑落，所以枝干依旧挺拔，巍然屹立。能屈能伸，刚柔相济，正是这种气度和风范使松树经受了一场暴风雪的洗礼。

人世间的冷暖是变化无常的，人生的道路是变化无常的。当你在遇到困难走不通时，或许退一步就会海阔天空；当你在事业一帆风顺的时候，一定要有谦让三分的胸襟和美德，应该把功劳让与别人一些，不要居功自傲，更不要得意忘形。该进则进，该退则退，能屈能伸。

富兰克林小时候到一位长者家里拜访，去聆听前辈的教诲。没料到，他一进门头就在门框上狠狠地撞了一下。身材高大的富兰克林疼痛难忍，不停地用手指揉着自己头上的大包，两眼瞪着那个低于正常标准的门框。出门迎接的长者看到他那副狼狈不堪的样子，忍不住笑起来："年轻人，很痛吧？"这位长者语重心长地说："这可是你今天来这儿的最大的收获。"

一个人要想在世上有所作为，"低头"是少不了的。低头是为了把头抬得更高更有力。现实世界纷纭复杂，并非想象的那么一帆风顺，面对人生旅途中一个个低矮的"门框"，暂时地低头并非卑屈，而是为了长久地抬头；一时的退让绝非是丧失原则和失去自尊，而是为了更好的前进。缩回来的拳头，打起人来才有力。只有采取这种积极而且明智的方法，才能审时度势，通过迂回和缓而达到目的，实现超越。对这些厚重的"门框"视而不见，傲气不敛，硬碰硬撞，结果只能是头破血流，成为摆在风车面前的"唐诘诃德"。

富兰克林终生难忘前辈的忠告，将"学会低头，拥有谦逊"作为自己生活的准则和座右铭，并且身体力行，后来终成大器，卓有建树，被誉为"美国之父"。

八分的智慧：有时候，面对屈辱你不必要像一只好斗的公鸡，争取一些尊严。即使取得这样的尊严，你也不会因此改变什么。重要的是你的人生目标是什么，这才是问题的根本，如果一时的屈辱并不妨碍你重要目标的实现，忍受一下又能怎么样呢？

缺憾往往成就了独一无二的你

谢尔·西尔弗斯坦在《丢失的那块儿》里讲过这样一个故事：一个圆环被切掉了一块，圆环想使自己重新完整起来，于是就到处去寻找丢失的那一块。可是由于它不完整，因此滚得很慢，它欣赏路边的花儿，它与虫儿聊天，它享受阳光。它发现了许多不同的小块儿，可没有一块适合它。于是它继续寻找着。

终于有一天，圆环找到了一个非常适合的小块，它高兴极了，将那小块装上，然后滚了起来，它终于成为完美的圆环了。它能够滚得很快，以致无暇注意花儿或和虫儿聊天。当它发现飞快地滚动使得它的世界再也不像以前那样时，它停住了，把那一小块又放回到路边，缓慢地向前滚去。

人生就是充满缺陷的旅程。从哲学的意义上讲，人类永远不满足自己的思维、自己的生存环境、自己的生活水准。这就决定了人类不断创造、追求。从简单的发明到航天飞机，从简单的词汇到庞大的思想体系。没有缺陷，产品便不会一代代更新。没有缺陷就意味着圆满，绝对的圆满便意味着没有希望，没有追求，便意味着停滞。人生圆满，人生便停止了追求的脚步。

生活也不可能完美无缺，也正因为有了残缺，我们才有梦，有希望。当我们为梦想和希望而付出我们的努力时，我们就已经拥有了一个完整的自我。生活不是一场必须拿满分的考试，生活更像一个足球赛季，最好的队也可能会输掉其中的几场比赛，而最差的队也有自己闪亮的时刻。我们的所有努力就是为了赢得更多的比赛。当我们能继续在比赛中前进并珍惜每场比赛时，我们就赢得了自己的完整。

八分的智慧：人生不必要渴求完美。因为人生确有许多不完美之处，每个人都会有或这或那的缺陷。其实，没有缺憾我们便无法去衡量完美。仔细想想，缺憾其实不也是一种完美吗？

第五章　处事太过只会伤人伤己

凡事，取乎中，是应付时代和任何事情的良方。中是不偏不倚，不左倾也不右斜的。非中则不能正，非正则不能稳，非稳则不能久。人生处世的要点，就在于"执中致和"。

中庸才能让你安宁和快乐

提倡"中庸之道"似乎有点不合时宜，因为这一思想曾一度被认为是一种处世圆滑、态度暧昧、明哲保身的处世哲学而遭受人们的大加批判。其实，从"中庸"思想的本意看，它并不是"奸猾"，置仁义于不顾，为保全自己而明哲保身，而是一种至高无上的德行和智慧。

何谓中庸呢？孔子认为"中庸"即为"中和"。孔子说："中"是有喜怒哀乐之情而未表现出来；"和"是感情表达时合乎节度。"中"，是天下事物的根本；"和"，是天下遵循的通则。如果人们能达到中和的境界，那么，天地间的一切就会各得其所，万物也就顺其自然而生了。

传说，远古时期的舜帝就是一个善于遵循"中庸之道"的智者，他不仅善于听取别人的意见，同时又能加以审视，扬其善，隐其恶，取其中，而施行于民，从而使天下化而治之。治理朝政者若能采用"中庸之道"，就可以处于无为而治的自由境地，避免过于专制，过于偏激，过于依恃，表面看似愚拙，内心里却实在是一种智慧，一种明亮。

孔子对"中庸"的评价甚高，他认为这是一种至高无上的德行，几乎没有什么东西能够超过它，若能把握中庸的道理，就达到了至高无上的境界。但是，一般人又很少能做到这一点。这是为什么呢？主要是因为："知者过之，愚者不及也。"这就是说：聪明的人过于聪明，认为它不值得去实行，而愚蠢的人又理解不了。君子和小人在这方面表现就截然不同。君子的所作所为都合乎中庸之道，而小人的所作所为都违反中庸之道。君子之所以能合乎中庸之道，是因为君子能时时居于中，不过亦无不及；而小人所以违背中庸之道，是因为小人对什么都太在乎或肆无忌惮，不知也不遵循中庸的道理。孔子深知"中庸之道"不是谁都能明白的，也不是常人所能做到的。只有那些有修养的君子才能够坚守。

对位高者而言，他们难以守成，很快会转入低位；而对位低者而言，他们欲速不达。结果是成功也好失败也罢，一切都处在不安与失意之中。他们所缺乏的正是先哲提出的并加以践行的"中庸"智慧。

八分的智慧： 在市场经济条件下，价值导向容易使人们急功近利，追求表面的外在的东西。而两极对立的思维方式又容易使人们往往简单地理解矛盾的两个方面。对满足、成功、富贵、权力等，总是期望达到顶峰，人人在我脚下才好，而对空虚、失败、贫穷、低下等，则唯恐降临自己身上。这样，他们处高位不觉得满足，处低位反而一蹶不振。这两个极端都不会使人安宁和快乐。

第五章 处事太过只会伤人伤己

做一个圆通而不圆滑之人

做人做事必须圆通，只有圆通才有方式方法可言。

一个国家，一个社会，必须分清是非，建立自身的道德原则和价值标准，这是"方"，"无方则不立"。但是，只有方，没有圆，为人处世只是死守着一些规矩和原则，毫无变通之处，过于直率，不讲情面，过于拘泥于礼仪法度，不懂得根据具体的情况灵活把握，则会流于僵硬和刻板。比如，郑人买履的故事，他在去市场买鞋之前，事先量好自己脚的大小尺码，等到了市场才想起自己忘了拿尺码。卖鞋的告诉他可以用脚去试试鞋子啊。他回答说，宁可相信尺码，也不信自己的脚。还有刻舟求剑的故事等，就是指这种做人拘泥于已有的条条框框，刻板，僵化，不知变通。做人，要学会圆通，但不能圆滑。

圆通就是通常人们所说的持经达权。它意味着一个人有一定的社会经验，对社会有一定的适应能力，能处理得好人与人之间的关系，对复杂的局面能控制得住。

圆滑这两个字，人们一般是不太喜欢的。那么，究竟什么是圆滑呢？它是指一些人在做人做事方面的不诚实、不负责任，油滑、狡诈、滑头滑脑。圆滑的人外圆内也圆，为变通而变通，失去原则。有圆无方失之于圆滑。离经而叛道，表面上看是对人一团和气，实际上已丧失了原则立场。

圆滑是一种"泛性"。它可以表现在一个人如何做人的各个方面、各个层次之中：既可以表现在他的"政治行为"之中，也可以表现在人的"工作行为"之中，还可以表现在一个人待人接物的细小事务之中；有成熟意义上的圆滑，如"老奸巨猾"，也有一般意义上的圆滑，如为了占小便宜之类的圆滑。

圆滑的人在回答问题时，不是直截了当地表达自己的立场和观点，而是含含糊糊，模棱两可，似是而非。比如："请问要喝咖啡，还是红茶？"圆滑的人不是明白爽快地回答"咖啡"或"红茶"，而是这样回答："随便"或"哪样都可以"。林语堂先生把这种表现称之为"老猾俏皮"。他打了一个比方：假设一个九月的清晨，秋风倒有一些劲峭的样儿，有一位年轻小伙子，兴冲冲地跑到他的祖父那儿，一把拖着他，硬要他一同去洗海水浴，那老人家不高兴，拒绝了他的请求，那少年忍不住露出诧怪的怒容，至于那老年人则仅仅愉悦地微笑一下。这一笑便是俏皮的笑。不过，谁也不能说二者之间谁是对的。

在对某些问题的判断和看法上，圆滑的人常以"很难说"或"不一定"之类的话来搪塞。每一句话都对，听起来很有道理，但是说了等于没说。在遇到什么重大的事或难办的事时，圆滑的人更是一般不会轻易表态。往往只在有了"定论"之后才发表他的"智者的高见"，事后诸葛亮的"妙语"比谁说得都好听。

圆滑的人一般都是"随风倒"的人。像墙头上的草，善辨风向，见风就转舵。这类人，没有是非标准，"风向"对他们来说是唯一判别的标准，谁上台了就说谁的好，谁下台了又开始说谁的不好。还是毛泽东形容得好，圆滑的人是：山中竹笋，嘴尖皮厚腹中空；墙上苇草，头重脚轻根底浅。

圆滑的人，情感世界复杂多变。待人接物显得非常"热情"，充满了"溢美"之辞，然而只要你细细地观察，这类"热情"中不乏虚伪的成分。这类人，当面净说好话，可一转脸就变成骂娘的话了。这类人，怀揣一种肮脏的心理，设置一些圈套让一些不通世故的人往圈套里钻。甚至"坑"了人家还要让他人说一句感激的话。

八分的智慧：满脑子"圆滑"的人，看什么事情都觉得相当圆滑，连带看什么人都觉得丑陋、卑鄙。圆滑者可鄙，提倡做一个圆通而不圆滑之人。

刚柔相济，才能方圆无碍

方与圆、刚与柔两者的含义具有内在的一致性。圆为和谐、变通、灵活性，体现了柔韧、柔弱的一面，方则为个性、稳定、原则性，体现了刚直、刚强的一面。刚而能柔，这是用刚的方法；柔而能刚，这是用柔的方法。强而能弱，这是用强的方法；弱而能强，这是用弱的方法。在处理天下事时，有以刚取胜的，有以强取胜的；有以柔取胜的，也有以弱取胜的。做人亦同此理。

自然界中弱小者常靠柔韧的品性战胜强大。天下之物莫柔于水，而攻坚强者莫之能先。雪压竹头低，地下欲沾泥；一轮红日起，依旧与天齐。飓风狂暴地侵袭小草，小草只摇晃了一下身子，依然保持了生命的绿色。

人也如此。年轻时，孔子曾去求教老子，老子不跟孔子说话，只是张开嘴让孔子看。深奥的哲理不必用语言交流，但却可以体悟。两位哲人心领神会，张嘴而不说话的哲理：牙齿掉了，舌头还在。牙齿是硬的，舌头是软的，硬的东西因其刚强而死亡，软的东西因其柔弱而存在。所以人到老年，刚硬的牙齿不在了，而柔弱舌头仍旧灵活自如。刚往往只是外表的强大，柔则常常是内在的优势。因此柔能克刚便成了一条辩证的法则。

刚直容易折断。曾有人这样说：方与严是待人的大弊病，圣人贤哲待人，只在于温柔敦厚。所以说广泛地爱护人民，这叫作和而不同。若只任凭他们凄凄凉凉，保持自身冷傲清高，如此，便是世间的一个障碍物。即使是持身方正，独立不拘，也还是不能济世的人才。充其量只能算一个性情正直、不肯同流合污的人士罢了。但是，只有柔又会怎样呢？倘若世界上只有柔，那就会成为可悲的柔弱，它就可任意扭曲，像一根在水里浸泡了许久的藤条一样。

刚与柔如鸟的两只翅膀，车子的两个轮子缺一不可。只刚就容易方，只柔就容易圆。为人处世，最好是方圆并用，刚柔并济，这才是全面的方法，也是成功之道。如果能刚而不能柔，能方而不能圆，能强而不能弱，能弱而不能强，能进而不能退，能退而不能进，注定失败而此生永无翻身之日。

刚柔相济，大可以用来治理国家天下，小可以用来处世持身。聪明的拳击手常常以此取胜。中国的太极拳和日本的柔道也因此长盛不衰。晚清重臣曾国藩对此领略颇深，他说：做人的道理，刚柔互用，不可偏废。太柔就会萎靡，太刚就容易折断。但刚不是说要残暴严厉，只不过不要强矫而已。趋事赴公，就得强矫。争名逐利，就得谦退。所以他虽居在功名富贵的最高处，却能全身而归，全身而终。

八分的智慧： 做人处世若能刚柔相济，把方与圆的智慧结合起来，做到该方就方，该圆就圆，方到什么程度，圆到什么程度，都恰到好处，那就是方圆无碍了。方圆无碍，按现在的说法是原则性与灵活性的高度统一，这是一种最高级的战略，最高级的政策，也是为人处世最高级的方式、方法。要做到这一点，则需要高度的智慧和修养。

看开而不看破，方能成就完满人生

现实生活中有许多人往往因一些人生道路上的重大挫折而不敢面对和承受如升学失败、就业无着、恋爱危机，要么出家，伴着暮鼓晨钟、清灯佛影来度此一生；要么自杀，走上轻生之路。他们自以为看开了一切，人生不值得眷恋，还是一了百了为好。其实这不是看开，而是看破了，事实上还是没有看开。

自杀者往往执着于一个意念——想不开、看不开，视人间一切都成为灰色，无一人值得留恋，也无一人留恋自己。他们以为，人活着与死掉其实并无差别，又何必承受痛苦呢？许多自杀者以为自己是严肃的，但是真正严肃地面对生命的人又怎能走上结束生命的道路？这还是没想开、没看开。

想不开、看不开的意念，就像眼前有一片小小的树叶，遮住了所有的阳光。这样的黑暗是自己造成的。人应该知道的是：为何而生，为何而死；人应该决定的是：如何生存下去。如果到了必须决定如何而死时，则不能不作重于泰山与轻于鸿毛的考虑。所以不要萌发出家或轻生的念头，因为这意味着投降，是彻底的失败，完全没有翻本的机会。移开眼前的屏障，看阳光普照大地。给自己一点时间，因为时间是最好的药剂，能够治愈任何创伤。

轻生是看破红尘的表现，贪生怕死同样是看不开的表现。有许多人太眷恋人生，认为自己功未成名未就，人世间的荣华富贵没有享尽，一死了之，太可惜了。这样的人仍然是没有看开。

真正看开的人，生死祸福等闲视之。有道是万物皆有生有死，这是生命的自然规律。一个人的生是遵循着自然界运动法则而产生的，而一个人的死亡也是生命历程的自然终极，它是世界万物转化的结果。生好像是浮游在天地之间一样，死则恰似休息于宇宙怀抱之中，这一切实际上是不应该有什么大惊小怪的，生也罢，死也罢，都是非常正常的。生有何欢，死又何惧。

庄子生命垂危时，他的弟子们商量准备如何为他进行厚葬。庄子知道了以后，幽默地对他的弟子们说："我死了以后，就把蓝天当作自己的棺椁，把光辉的太阳和皎洁的月亮当作自己的殉葬品，把天上的星星当作珍贵的珍珠。把天下万物当作自己的殉葬品，这些还不够吗？何必还要搞什么厚葬呢？"他的弟子们哭笑不得，解释说："老师呀，即使是那样的话，我们还是担心乌鸦把您给吃了呀！"庄子说："扔在野地里你们怕乌鸦老鹰吃了我，那埋在地下就不怕蚂蚁吃了我吗？你们把我从乌鸦老鹰嘴里抢走送给蚂蚁，为什么那么偏心眼呢？"

如果能这般把生看得开，把死悟得透，也就不会为生命的即将终竭而哭泣，相反还会活出生命的本真。"生死有命，富贵在天。"生命诚然是宝贵的，然而它又是短暂的，死而不能复生，因此活着就应当顺应自然，面对现实，笑对生活。笑对生活是乐生重生，遵循生命的规律，追求高目标，却又看得透、想得开，活得既有意思、有价值，又比较轻松愉快。

真正看开的人都不太执着于权势的追逐、金钱的获得、名利的获取，而是返璞归真顺应自然，保持人原有的那种质朴、纯真的自然之性。是那种看庭前花开花落，望天边云卷云舒，宠辱不惊，物我两忘的恬适、超然的心态。

人虽在客观世界面前不能随心所欲，但也不是无所作为的。古人常说顺境十之一二，逆境则十之八九。逆境对任何人都是难免的，关键是如何对待的态度。提倡看开而不看破，就是不要斤斤计较于一时一事的成败和得失，更不要刻意去追求名和利，而是要反思过去，立足现实，规划未来，以便自己站在更高的起点上，拥有一个更开阔的视野。

八分的智慧： 与看开不同，看破是一种消极的处世态度，对自己丧失信心，对人生无求无望，清欲寡欢，看破红尘，遁入空门。这样的人在自己的人生轨迹上是不会留下什么痕迹的。因此，唯有看开人生中的坎坷与顺逆，方能窥见人生中的哲理与玄奥。

第五章 处事太过只会伤人伤己

协调而不讨好，就能左右逢源

现实社会不是生活的真空，无时无刻不充满着权力的较量，利益的纷争，性格差异的磨擦，你即使一点不去争，也有人与你争。甚至还有那么一种得寸进尺，想骑在别人脖子上的人，你退一尺，他就进一丈，你给他吞一个指头，他就要吞到你的手肘。在这样的环境中，一个人若想成就一番事业，花费的代价无疑是巨大的。良好的人际关系、融洽的环境氛围有助于一个人脱颖而出，发挥自己的聪明才智，实现自己的人生价值。对此，不同的人采取了不同的方法和策略：一种是讨好，一种是协调。

协调是着眼于自我调整，主观适应客观，个人适应集体，不断地使自己与周边的环境保持一种动态平衡。而讨好与协调不是一般方式方法上的区别，首先是它的着力点错位，不是强调主观，调整自我来适应客观，而是迁就和迎合他人的需要，来换取别人对自己的宽容或姑息。

讨好者的目的与动机并不是对称的，它不是通过调节个人与群体的关系，而是为了谋求狭隘的个人利益和需求，去讨好那些与自身利益有关的人，特别是那些有权有势的人。人都有一个弱点，喜欢听恭维话。对人说一些赞誉之辞，如果能言者由衷，恰如其分，适合其人，相当有分寸，而不流于谄媚，将是一种得人欢心的处事方法，听者自然十分高兴，这未免不是好事。如果不问对象，夸大其词，竭尽阿谀奉承之能事，不仅效果不佳，有时还会被别人称为马屁精，落个坏名声，而且，花费的代价大，成本高。因为他不能做到同时去讨好所有的人，为了不得罪人，他必须不断地讨好，这不仅加大了成本，而且活得很累；更主要的是毁了自己的前程。

习惯于讨好的人，是不讲究做人原则的，当面一套背后一套，在人前讲人话，在人后讲胡话，为个人私利所左右，为讨好他人而失去自己的竞争力。大凡有正义感的人，对两面三刀的家伙是非常反感的。

我们说要善于协调，并不是要人处世圆滑，不得罪任何一方。也不是要人当面一套、背后一套，当着张三说李四，碰到李四又说张三。其实，这种人是可鄙的。但一个人如果能在坚持大原则的情况下适当对一些无关大局的事作一点让步也是可以的，如果你能做到大家都喜欢你，那么在你的世界就是以你为中心的，你并没失去什么，却会有意想不到的收获。而且，你生活的环境气氛融洽，自己心中也快乐得多。

善于协调的人，一般人际关系都是十分融洽，在生活中也常常看到这样一种人，他们既不拉帮结派，又不是独来独往，他们是介于二者之间，既与这派有联系，又与另一派有瓜葛，你很难将他们划为哪一派，而且，很奇怪的是，这种人往往能同时为两派接受。所以，办起事来才能左右逢源，得心应手，提高效率。

八分的智慧：因此，要谋求生存和成功，营造良好的人际氛围，讨好不免太过，不是良策，协调恰恰适中，才是好办法。

春风得意之时，不要留下得意忘形之态

"满意"和"得意"这两个词都表示人们对外事外物一种愉悦的肯定态度，但是两者有程度上的区别，如同一杯水，只要还是在杯子里，多满都可以，一旦流出来，结果就不同了。因此，得意多少常有点贬义色彩，含有讥讽之意。人们常说某某春风得意，自鸣得意，洋洋得意，得意忘形，皆属此类。

可是在现实中还真有些人分不清该是满意还是得意。电视剧《过把瘾》中有一个意大利人，娶了一个漂亮的中国姑娘做太太。席间，他对客人说"我很得意"，站在一旁的新娘子连忙纠正道："是满意。"这位老外不得不为自己打圆场说道："你们中国话非常难，弄不好就是不满意了。"像这位老外犯这样的低级错误，我们并不在意，老外毕竟是老外嘛。可有时我们自己竟然也搞不清到底是满意还是得意。

人们为什么会得意呢？也许是比别人在人生境遇中顺一些，也许他得到了满足，或者取得一些小小的成功，然而，最为根本的是他的浅薄。因为自己的浅薄竟以为自己通晓了一切，无所不能。曾经有一位俄国青年，会写了几首诗，竟忘乎所以地把大诗人普希金也不放在眼里了，居然当众问普希金："我和太阳有什么共同之处呢？"普希金轻蔑地回答道："无论是看你还是看太阳，都不得不皱眉头。"

浅薄的人受不得赞许，哪怕是一点点，也会自鸣得意自我膨胀起来。有一位画家画好了一张画后，拿到邻居家去征求意见。这位邻居是位鞋匠，看了看画后，指出画上的靴子少了一个钮扣。画家很感激，马上改正了自己这一疏忽。不料，鞋匠却得意起来，郑重其事地对整个画指指点点，横加指责，弄得这位画家哭笑不得。

得意和尊卑贵贱并没有关系，但在浅薄的人看来，只要我比你有那么一点所谓的尊贵，那也能成为我得意的资本，不少人都有这种心理。

有这样一则故事，说的是在一个破旧的街区，住着三个女人，经常在一起聊天。一个女人说："我的丈夫真棒，是火车司机。"另外一个女人赶紧说道："火车司机算什么，我男人是列车长，专管你男人。"第三个女人不甘示弱，得意地说道："我男人扳道叉的，让火车朝哪条道上开，就得朝哪条道上开。"一列火车成全了三位女人的虚荣心，使她们在这廉价的得意中快活着。

人一得意，就感觉自己站在了人生的高处，不知道天高地厚了，这是狂妄的表现。其实，真正这个高处就在你的脚下。在老北京城的一条街上住着三个裁缝。甲裁缝在自己的橱窗上挂出一块招牌，上面写道：全北京最好的裁缝。乙裁缝看到了立刻也打出一块招牌，写的内容是"中国最好的裁缝"。丙裁缝看了两个人的招牌，仔细想了一下，也打出一块，上面写道：此街最好的裁缝。

八分的智慧：古人云："傲不可长，欲不可纵，志不可满，乐不可极顶点。"盈则亏，满则招损，春风得意之时，不要留下得意忘形之态。

人情留一线，日后好相见

有两个村庄位于沙漠的两端，若想到达对面的村庄，有两条路可行。

一条要绕过大漠，经过外围的城市，但是得花二十天的时间才能到达；如果直接穿过大漠，只要三天就能抵达。

但是，穿越沙漠却很危险，有人曾经试图横越，却无一生还。

有一天，有位智者经过这两个村落，他教村里的人们找许多的胡杨树苗，每一公里便栽种一棵树苗，直到沙漠的另一端。

这天，智者告诉村里的人："如果这些树苗能够存活下来，你们就可以沿着胡杨树来往；若没有存活，那么每次经过时，就记得要把枯树苗插深一些，并清理四周，以免倾倒的树木被流沙淹没了。"

结果，这些胡杨树苗种植在沙漠中，全被烈日烤死，不过却也成了路标，两地村民便沿着这些路标，平平安安地走了十多年。

有一年夏天，一个外地来的僧人，坚持要一个人到对面的村庄去化缘。

大家见无法阻止，便叮咛他说："师父您经过沙漠的时候，遇到快倾倒的胡杨树时一定要向下再扎深些，如果遇到将被淹没的胡杨树，记得要将它拉起，并整理四周。"

僧人点头答应，便带着水与干粮上路了。

但是，当他遇到将被沙漠淹没的胡杨树时，却想："反正我只走这么一趟，淹没就淹没吧！"

于是，僧人就这么走过一棵又一棵即将消失在风沙里的胡杨树，看着一棵棵被风暴吹得快倾倒的树木一一倾倒。

然而就在这个时候，已经走到沙漠深处的僧人，在静谧的沙漠中，只听见呼呼的风声，回头再看来时路，却连一棵胡杨树的树影都看不见了。

此刻，僧人发现自己竟失去方向了，他像个无头苍蝇似的东奔西跑，怎么也走不出这片沙漠。

就在他只剩下最后一口气时，心里懊恼地想："为什么不听大家的话？如果我听了，现在起码还有退路可走。"

留条后路，不是让自己有遁逃的机会，而是让我们重新起步时，能够看见前路的错误足迹，记取教训，不再重蹈覆辙。

然而，多数人都不懂得记取教训，即使前人已经有过失败的经验，他们仍然喜欢让自己撞得鼻青脸肿，然后才惊呼说："没想到是真的！"

人类的经验是靠时间累积，再经过长时间的去芜存菁得来的。所有长者的智慧与建言，我们都不能视若无睹，那些都是我们绝佳的成功秘籍。

八分的智慧：待人接物也是如此，凡事都要以宽容的心胸，说话做事不能太满，为自己预留一条退路，人情留一线，日后好相见，不是吗？

第五章 处事太过只会伤人伤己

做事适可而止，否则反受其害

凡事都得讲究策略，都要经过缜密的思考，无论投资也好，失败后反思也好，你都要有很好的计划，或者说为自己留条退路。要讲究适可而止，否则反受其害。

大多数成功者都趋向于不时地在他们所熟悉的领域寻找机会。

每当发现一个新的领域，只要有客观的利益可图，参与者往往是源源不断的。这时候你的超前意识至关重要。

怎样做到适度超前呢？不要有一次进两步或三步的情况，只能一次一步，稳步前进。每一步的程度可以快些，但绝不能一次两步或三步，这样，"欲速则不达"。

日本的松下先生曾经说过，我对将来常抱有美好的希望，但他的脚步总是一步一步的，享受一步步地接近希望的喜乐，如果二步并做一步地走，中途定会摔跤的，就可能会使社会陷于混乱，产生不良的影响，对经营者而言，能看清这一点是很重要的。

运用你的策略，才能让你立于不败之地。

要做一件新的工作时，一定先做好考虑，绝不能立刻着手，今天要着手的只是合乎自己胃口的东西，其他即使别人说再好吃，也不能去动它。食欲可以自己调节，可是"事业欲"就不同，只能靠自己的自觉，因而常需自我反省，结合公司综合力量，来做最适合公司的工作，虽然麻烦，其安全性还是很牢固的。虽然这样想，但有时还是会操之过急的，这时应该立刻回头，但是很难发现这个关键，所以经营者应特别留意，如果发生错误，经营就容易招致失败，经营的失败大部分因此而起，所以，经营者要经常反省。

当大家开始一窝蜂制造的时候，就该激流勇退。一般人都有很多欲望，只要发现一种事业可以赚钱，大家马上一窝蜂地经营。短时间也许还不错，但过了一段时间之后就立刻陷于恶性竞争，弄得大家都赚不了钱，甚至停业或破产，这种事情真是太多了。如果想避免这样的情形，还是可以办到的，那就得适可而止。

松下先生就曾经经历过这样的事情，那是公元一九二五年的事情。当时他到东京办事处巡视，办事处里面摆着真空管，他第一次看到"真空管"。那时候装置在收音机里，非常畅销。办事处主任对他说："这是最近东京最畅销的东西。大阪方面是不是要卖卖看？"

松下先生听了以后觉得"很有意思"，希望能够尽早在大阪发售，因此当场就指令和真空管制造厂交涉。结果发现那家工厂规模很小，资金也不雄厚，生产根本赶不上订货，就当场先付出价款三千元购买一千个，想多买一个都有困难。

回到大阪，松下先生就和真空管的批发商接触，当时因为来货很少，大家都急着赶快订货。这种情况大概持续了五六个月，而松下电器也因此多了一万多元的收入，这在当时可以说是一笔为数不小的款子。后来制造真空管的厂家慢慢多了起来，各种厂牌渐渐出现，价格自然也逐渐便宜。

看到这种情况，松下先生觉得非认真考虑一下不可，因为照这样下去，松下电器可能增加的利润必然会很有限，虽说还有一些利润，而且销路也还可以，但情况已经有所变化，和前一阵子已经大不相同了。重点在于如何掌握演变的趋势而不安于现状，因此，先见之明是非常重要的。

虽说目前卖真空管还没有什么问题，但松下先生却不想干了，这样似乎有点可惜，何况还是在没有赚到更多钱的时候。但是话说回来，做生意不能不注意情况的变化，必须要有应变的本能，这就是让他萌发撒手念头的理由。况且已经赚取一万元的利润也应该是收手的时候了，再贪心就不太好。结果，真空管的贩卖情况是不是在自己的预测之内呢？

松下先生真的就这样决定从真空管收手，也把自己的意思通知生产工厂和客户，工厂方面因为可以无条件获得大阪地区的客户，心里当然高兴得不得了，而客户方面自然也不会反对。于是，松下就从这个还没有创造可观利益的真空管贩卖事业上撤资了。

过了四五个月之后，收音机配件的售价急转而下，使一些获利还不错的工厂和贩卖店一起陷入困境。

松下电器因为收手得快，因此并没有受到任何损失。

第五章 处事太过只会伤人伤己

八分的智慧：懂得及时抽身的人很难得，尤其是事情进展得很顺利的时候，更不用说自己在发财的时候了。但松下先生的事例说明，越是顺利的时候，越要适可而止。

第六章　接物待人不可斤斤计较

对待别人，尤其是朋友和部属一定要掌握度，到位即止。世界上没有尽善尽美的人，事情只要有人去做，不同的人就会有不同的结果。如果以自己的完满标准去评价人和事，那就很难与人相处。

豁达体现的是一种做人境界

春秋时期，楚庄王得知大臣斗越椒起兵谋反，赶紧带兵回国平叛，几经辛苦，楚庄王才算平了这场动乱。

平定叛乱后，楚庄王大摆宴席庆贺，他说："今天叛贼死了，国内平安，我们这个宴会就叫'太平宴'，大家尽情吃喝，玩个高兴。"大家一听十分高兴，就边吃边喝，边喝边说，直到日落西山，仍不尽兴。楚庄王一看，就叫人点上蜡烛，继续玩乐，并让自己最宠爱的妃子许姬给大臣们敬酒。这时，忽然一阵风吹来，蜡烛吹灭了，管灯的赶紧去取火。这当中，宴席中有一个人，见许姬长得很漂亮，就乘着酒兴，趁蜡烛灭时，伸手拉住许姬的衣袖，许姬大吃一惊，赶紧用左手把袖子扯回，同时右手把这个人帽子上的缨花拔了下来，吓得这个人赶紧放手。

许姬拿着缨花走到楚庄王跟前说："我去给大臣敬酒，没想到有个人竟然对我无礼，趁黑扯我的袖子。我已经拔下了他头上的缨花，只要蜡烛一亮，您就知道他是谁了。"庄王连忙对大臣们说："今天这个宴会，大家都把帽子取下来，喝个痛快。"等到大家都把帽子脱下来，楚庄王才叫人把蜡烛点亮。这样，到底是谁扯许姬的袖子就不得而知了。

宴会散后，许姬责怪庄王不逮住那个扯她袖子的人，庄王笑道说："酒后失态，是人之常情。今天我们是要图个高兴，如果因此而惩罚那人，就会伤大臣们的心，这就违背了我举办这个宴会的本意。当然，你也不要介意了。"

后来楚庄王率兵攻打郑国，副将唐狡特别勇猛，率领一百多人，一直打到郑国城下，最后取得了战争的胜利。楚庄王听到这个消息，就把唐狡找来，要重赏他，但唐狡说："上次在宴会上，扯许姬袖子的人就是我，感谢您的不杀之恩，今天我舍命以报。"

八分的智慧： 楚庄王对待部属的态度证明一个道理，有些事情不要太计较。否则，什么事情都要查个水落石出，来体现自己明察秋毫，实际上却失去了做人做事的度。楚庄王能够成就霸业，是否也与这种对人的态度有关呢？

第六章

接物待人不可斤斤计较

真诚地尊重你身边的每一个人

做人要学会尊重他人，尊重他人最重要的就是不要嫉妒别人。

看到他人某方面比自己好，人们产生羡慕的心理是完全正常的。但如果因为自己达不到他人的水平而发展到不甘心，并达到恼怒他人的程度，这种心理就成了"嫉妒"。

嫉妒是一种心理状态，属于情感范畴，是后天形成的。嫉妒的心理是：我坐着，你也别想站起来；我躺下，也要把你拉倒。嫉妒心理是非常普遍的，不但成年人有，而且学生也有，甚至儿童也有，可以说几乎人人都有，只是程度不同而已。

嫉妒是人和人之间进行比较的结果。一个人看到别人比自己强，或别人的家庭比自己的家庭幸福，往往会心怀嫉妒。

一般说来，嫉妒心理分三个层次。第一层是原初层次，又叫似有似无层次。这一层次的嫉妒心理往往深深地埋藏于人的内心，不容易被他人察觉。第二层次是浅层次。这时的嫉妒已由无意识进入到有意识，开始表现出行动，如讽刺、疏远自己嫉妒的对象，耍小手腕等。严重的还有攻击、造谣中伤他人等，目的是打击别人，抬高自己。嫉妒发展到这个层次，就需要及时控制。第三层次是深层次。这时人的嫉妒心理已经是一种变态的心理，表现为猖狂进攻等，导致的后果是非常严重的。

嫉妒是一种消极的、不健康的心理。每个人都应该抑制、克服嫉妒他人的心理。正确的行为方式是，在人际交往中，和周围的人进行比较时，要承认差异并努力进取，缩小差异；当嫉妒心理刚刚出现时，应想到既要尊重自己，也要尊重他人。

八分的智慧：要承认他人的优点，正视他人的优势；希望他人进步，自己也有收获。这样能使他人快乐，自己也快乐。世界上最宽广的是海洋，比海洋更广阔的是天空，比天空更广阔的是人的胸怀。

包容他人的意见，才能走向成功

　　这是一位刚自越战归来的士兵的故事。这位士兵从旧金山打电话给他的父母，告诉他们："爸妈，我回来了，可是我想带一个朋友同我一起回家。"
"当然好啊？"他们回答，"我们会很高兴见到他的。"

　　不过儿子又继续说下去："可是有件事我想先告诉你们，他在越战里受了重伤，少了一条胳臂和一只脚，他现在走投无路，我想请他回来和我们一起生活。"

　　"儿子，我很遗憾，不过或许我们可以帮他找个安身之处。"父亲又接着说，"儿子，你不知道自己在说些什么。像他这样有残障的人会对我们的生活造成很大的负担。我们还有自己的生活要过，不能就让他这样破坏了。我建议你先回家，然后忘了他，他会找到自己的一片天空的。"

　　就在此时儿子挂上了电话，他的父母再也没有他的消息了。

　　几天后，这对父母接到了来自旧金山警局的电话，告诉他们，他们的儿子已经坠楼身亡了。警方相信这只是单纯的自杀案件。于是他们伤心欲绝地飞往旧金山，并在警方带领之下到停尸间去辨认儿子的遗体。

　　那的确是他们的儿子，但让他们惊讶的是，儿子居然只有一条胳臂和一条腿。

　　故事中的父母就和我们大多数人一样，要去喜爱面貌姣好或谈吐风趣的人很容易，但是要喜欢那些造成我们不便和不快的人却太难了。我们总是宁愿和那些不如我们健康、美丽或聪明的人保持距离。

　　我们每个人的心里都藏着一种神奇的东西称为"情感"，你不知道它究竟是如何发生、何时发生，但你却知道它总会带给我们特殊的礼物。爱就像是稀奇的宝物，它带来欢笑，激励我们成功，它倾听我们内心的话，与我们分享每一句赞美，它的心房永远为我们而敞开。

　　爱心与情感会影响你的思维，这一点毫无疑问。如果你缺少爱心，缺少对弱者的同情，有时候你就会做出错误的决定。因为事实上，你所面对的不幸可能只是一个假象，这个假象是对你情感的一种考验。包容心有时候能替你做出正确的决定。

在18世纪，法国科学家普鲁斯特和贝索勒是一对论敌。他们围绕定比定律争论了有9年之久，他们都坚持自己的观点，互不相让。最后的结果是普鲁斯特获得了胜利，成了定比这一科学定律的发明者。

但是，普鲁斯特并未因此而得意忘形，忘乎所以。他真诚地对与他激烈争论了9年之久的对手贝索勒说："要不是你一次次的责难，我是很难进一步将定律研究下去的。"同时，普鲁斯特特意向众人宣告，定比定律的发现有一半功劳是属于贝索勒的，是他们共同促使了定律昭示天下的。

在普鲁斯特看来，贝索勒的责难和激烈的批评，对他的研究是一种难得的激励，是贝索勒在帮助他完善自己。这与自然界中"只是因为有狼，鹿才奔跑得更快"的道理是一样的。

八分的智慧：普鲁斯特是宽容博大而明智的，他允许别人的反对，不计较他人的态度，充分看到他人的长处，善于从他人身上吸取营养，肯定和承认他人对自己的帮助。正是由于他善于包容和吸纳他人的意见，才使自己走向成功。

宽容别人不是懦弱，而是一种艺术

古希腊神话中有一位大英雄叫海格里斯。一天他走在坎坷不平的山路上，发现脚边有个袋子似的东西很碍脚，海格里斯踩了那东西一脚，谁知那东西不但没有被踩破，反而膨胀起来，加倍地扩大着。海格里斯恼羞成怒，操起一条碗口粗的木棒砸它，那东西竟然长大到把路堵死了。

正在这时，山中走出一位圣人，对海格里斯说："朋友，快别动它，忘了它，离它远去吧！它叫仇恨袋，你不犯它，它便小如当初，你侵犯它，它就会膨胀起来，挡住你的路，与你敌对到底！"

我们生活中茫茫人世间，难免与别人产生误会、磨擦。如果不注意，在我们轻动仇恨之时，仇恨袋便会悄悄成长，最终会导致堵塞了通往成功之路。所以我们一定要记着在自己的仇恨袋里装满宽容，那样我们就会少一份烦恼，多一分机遇。宽容别人也就是宽容自己。

学会宽容，对于化解矛盾，赢得友谊，保持家庭和睦、婚姻美满，乃至事业的成功都是必要的。因此，在日常生活中，无论对子女、对配偶、对同事、对顾客等都要有一颗宽容的爱心。

法国19世纪的文学大师雨果曾说过这样的一句话："世界上最宽阔的是海洋，比海洋宽阔的是天空，比天空更宽阔的是人的胸怀。"此句虽然很浪漫，但具有现实意义。

拿破仑在长期的军旅生涯中养成宽容他人的美德。作为全军统帅，批评士兵的事经常发生，但每次他都不是盛气凌人的，他能很好地照顾士兵的情绪。士兵往往对他的批评欣然接受，而且充满了对他的热爱与感激之情，这大大增强了他的军队的战斗力和凝聚力，成为欧洲大陆一支劲旅。

在征服意大利的一次战斗中，士兵们都很辛苦。拿破仑夜间巡岗查哨。在巡岗过程中，他发现一名巡岗士兵倚着大树睡了。他没有喊醒士兵，而是拿起枪替他站起了岗，大约过了半个小时，哨兵从沉睡中醒来，他认出了自己的最高统帅，十分惶恐。

拿破仑却不恼怒，他和蔼地对他说："朋友，这是你的枪，你们艰苦作战，又走了那么长的路，你打瞌睡是可以谅解和宽容的，但是目前，一时的疏忽就可能断送全军。我正好不困，就替你站了一会，下次一定小心。"

拿破仑没有破口大骂，没有大声训斥士兵，没有摆出元帅的架子，而是语重心长、和风细雨地批评士兵的错误。有这样大度的元帅，士兵怎能不英勇作战呢？如果拿破仑不宽容士兵，那后果只能是增加士兵的反抗意识，丧失了他本人在士兵中的威信，削弱了军队的战斗力。

八分的智慧：宽容是一种艺术，宽容别人不是懦弱，更不是无奈的举措。在短暂的生命里学会宽容别人，能使生活中平添许多快乐，使人生更有意义。正因为有了宽容，我们的胸怀才能比天空还宽阔，才能尽容天下的难容之事。

雅量是一个人涵养的"标尺"

毋须多加论证，作为一个理智健全的人，特别是一个希望逐渐完备自己人格的人，总是要有点雅量的。雅量是衡量一个人成熟与否、修养程度高低的重要标尺之一。

当你手握足以致人哑口无言的权柄，身处令人赞不绝耳的高位，而面对尖锐的批评逆语，你是否能够做到不怒目横扫、暴跳如雷呢？

《尚书》中说："必定要有容纳的雅量，道德才会广大；一定要能忍辱，事情才能办得好！"如果遇到一点点不如意，便立刻勃然大怒；遇到一件不称心的事情，立即气愤感慨，这表示没有涵养的力量，同时也是福气浅薄的人。所以说："发觉别人的奸诈，而不说出口，有无限的余味！"

应该承认，有些高贵品格是普通人毕生企望但仍根本不可能达到的；可人的雅量却是完全能够通过修炼而得到，甚至可做到"随心所欲"的。不信？只要自己有意识地试一试就行。

人难免与十分讨厌的人偶然狭路相逢，尽管有人可以装作很随便的样子，竭力扮潇洒样扬长而去。但很多有雅量的人不会那样去做，而是没有丝毫装模作样地缓缓笑迎着对方漠然的脸孔和布满疑惑的眼神，坦然地挨肩而过。这些人轻松地抹去了粗鲁的伤害与侮辱的阴影，用友好的阳光装满了雅量的酒杯，小抿一口，自是清香浓烈。

八分的智慧：当不期而遇的挫折、误解、嘲笑等迎面而来时，相信并依靠个人的雅量吧，那是驱逐并能够战胜这一切烦恼和痛苦的忠实朋友。

气量反映的是一个人的素养和品行

我们说，气量是一种高尚的人格修养，一种"宰相胸襟"，一种大将风度。

唐代娄师德，器量超人，当遇到无知的人指名辱骂时，就装着没有听到。有人转告他，他却说："恐怕是骂别人吧！"那人又说："他明明喊你的名字骂！"他说："天下难道没有同姓同名的人。"有人还是不平，仍替他说话，他说："他们骂我而你叙述，等于重骂我，我真不想劳动你来告诉我。"有一天入朝时，因身体肥胖行动缓慢，同行的人说他："好似老农田舍翁！"娄师德笑着说："我不当田舍翁，谁当呢？"

清代中期，当朝宰相张廷玉与一位姓叶的侍郎都是安徽桐城人。两家毗邻而居，都要起房造屋，为争地皮，发生了争执。张老夫人便修书北京，要张廷玉出面干预。这位宰相到底见识不凡，看罢来信，立即做诗劝导老夫人："千里家书只为墙，再让三尺又何妨？万里长城今犹在，不见当年秦始皇。"张母见书明理，立即把墙主动退后三尺；叶家见此情景，深感惭愧，也马上把墙让后三尺。这样，张叶两家的院墙之间，就形成了六尺宽的巷道，成了有名的"六尺巷"。

要心怀坦荡，宽容他人，就必须做到互谅、互让、互敬、互爱。互谅就是彼此谅解，不计较个人恩怨。人都是有感情和尊严的，既需要他人的体谅，又有义务体谅他人。有了互相之间的谅解，就能清心降火，在任何情况下，都能保持平静的心境和宽厚的品格。互让就是彼此谦让，不计较个人名利得失。心底无私天地宽，淡泊名利，摒弃私心杂念，自觉做到以整体利益为重，把好处让给别人，把困难留给自己，相互之间的矛盾就容易化解；争名于朝，争利于市，一事当前先替自己打算，对个人得失斤斤计较，是难以与他人和睦相处的。互敬就是彼此尊重，不计较我高你低。尊重别人是一种美德，"敬人者，人自敬之"，尊重别人，自然会获得别人的好感和尊重。如果无视他人的存在，不尊重他人的人格，就不会有知心朋友。互爱就是彼此关心，不计较品格气质的差异，爱能包容大千世界，使千差万别、迥然不同的人和谐地融为一个整体；爱能熔化隔膜的坚冰，抹去尊卑的界线，使人们变得亲密无间；爱能化解矛盾芥蒂，消除猜疑、嫉妒和憎恨，使人间变得更加美好。

能否拥有雅量，关键靠三点：一是平等的待人态度。不自认为高人一等，保持一颗平常心，平视他人，尊重他人。二是宽阔的胸襟。心胸坦荡，虚怀若谷，闻过则喜，有错就改。三是宽容的美德。能够仁厚待人，容人之过，"宰相肚里能撑船"，而不是斤斤计较，睚眦必报。

八分的智慧： 在气量的背后，实际上反映的是一个人的素养和品行。如今的一些人之所以难有雅量，除了外部环境的影响外，更主要的原因恐怕还是在于以上几个方面的修炼不到家，素养与品行上尚欠火候吧。

大肚能容，容却人间多少事

自古的学者都讲究养能、养学、养气、养德、养心、养量；做人处世，重要的是先要养量。

宋朝宰相富弼，处理事务时，无论大事小事，都要反复思考，因为太过小心谨慎，因此就有人批评他、攻击他。有一天，就在他马上要上朝的时候，有人让一个丫鬟捧着一碗热腾腾的莲子羹送给他，并故意装作不慎打翻在他的朝服上。富弼对丫鬟说："有没有烫着你的手？"然后从容换了朝服。

有这样的器量，他能不做宰相吗？

德国的大文学家歌德有一次在魏玛一个公园的小路上散步。那条小路很窄，偏偏遇上了一个对他心存敌意的评论家。他们都停下来看着对方。评论家开口了："我从来不会给一个傻瓜让路。"

"但我会。"说完，歌德退到一旁。

人有一分器量，便有一分气质；人有一分气质，便多一分人缘；人有一分人缘，必多一分事业。虽说器量是天生的，但也可以在后天学习、培养。我们阅读历史，多少的名人圣贤，有时不赞其功业，而赞其器量。所以器量对人生的功名事业，至关重要！

那么如何"养量"呢？

一、平时凡是小事，不要太过和人计较，要经常原谅别人的过失，但是大事也不要糊涂，要有是非观念。

二、不为不如意事所累。不如意事来临时，能泰然处之，不为所累，器量自可养大。

三、受人讥讽恶骂，要自我检讨，不要反击对方，器量自然日夜增长。

四、学习吃亏，便宜先给别人，久而久之，从吃亏中就会增加自己的器量。

五、见人一善，要忘其百非。只看见别人缺点而不见别人的优点，无法养成器量。

你的器量不顾别人，只顾自己，那只能养自己；假如你的肚量能包容全家，你就能做一家之长；你的肚量能包容一县，就能做县长；能包容一省，就能做省长；能包容一国，就能做国主。历史上，成功的人物，并非他有三头六臂，功力高人，而是他的肚量比一般人大啊！肚量小的人不能容人，人又怎么会容你呢？所以布袋和尚为人歌颂"大肚能容，容却人间多少事；笑口常开，笑尽人间古今愁"。有量的人，必定是不会吃亏的啊！

八分的智慧：佛经云：心包太虚，量周沙界。你能把虚空宇宙都包容在心中，那么你的心量自然就能如同虚空一样的广大。有一打油诗云："占便宜处失便宜，吃得亏时天自知；但把此心存正直，不愁一世被人欺。"

第六章 接物待人不可斤斤计较

豁达的人才会赢得他人的拥戴

人生活于世上，需要面对不同的人，各人的处世方式、工作能力都不相同，这就需要你有宽宏的心胸。正如许多寺庙里的对联写的：大肚能容，容天下难容之事。

美国总统林肯在组织内阁时，所选任的阁员各有不同的个性：有勇于任事、屡建勋绩的军人史坦顿，有严厉的西华德，有冷静善思的蔡斯，有坚定不移的卡梅隆，但林肯却能使各个性格绝对不同的阁员互相合作。正因为林肯有宽宏的度量，能舍己从人，乐于与人为善，尤其是史坦顿，那种倔强的态度，如在常人，几乎不能容忍，唯有林肯过人的心胸，使得他驾驭阁员指挥自如，使每个阁员都能为国效忠。

成功的上司总是豁达大度，决不会因下属的礼貌不周或偶有冒犯而滥用权威。所以作为上司，应该有宽恕下属的大度，这样才更能赢得下属的拥戴。有一次，柏林空军军官俱乐部举行盛宴招待有名的空战英雄乌戴特将军，一名年轻士兵被派替将军斟酒。由于过于紧张，士兵竟将酒淋到将军那光秃秃的头上去了。顿时周围的人都怔住了，那闯祸的士兵则僵直地立正，准备接受将军的责罚。但是，将军没有拍案大怒，他用餐巾抹了抹头，不仅宽恕了士兵，还幽默地说："老弟，你以为这种疗法有效吗？"这样，全场人的紧张气氛都被一扫而光。

我国北宋文学家石曼卿有一次游极宁寺，他的随从一时疏忽让马受惊，将他从马上摔了下来。人们都以为他一定要责骂他的马夫了，谁知他一边挥着身上的尘土，一边笑着对马夫说："亏得我是石学士，若是瓦学士，还不被你摔碎了！"

俗话说，人无完人。作为下属，难免在工作和生活中偶有过失。这时，上司有权利和义务予以指正，并要求其改正。面对这种情况，如何才能更易被下属接受呢？我们认为有效的办法是委婉地指出下属的过失，让对方在自责中加以改正。据说一位店主的年轻帮工总是迟到，并且每次都以手表出了毛病作为理由。于是那位店主对他说："恐怕你得换一个手表了，否则我将换一位帮工。"这话软中带硬，既保住了对方的面子，又严厉地指出了对方的过失，这样比较易于让对方接受。

八分的智慧：下属偶尔冒犯上司，往往事出意外，并非出于故意。如果你"尊颜大怒"，不仅让当事人下不了台，你自己也会给人留下没有涵养、蛮横粗野的印象；而大度地宽恕下属，则既可解除当事人的尴尬，更会增加下属对你的敬佩，融洽你们之间的关系。

豁达是一种情操，更是一种修养

豁达对于人生幸福是如此之重要，那么，我们怎样才能使自己的心达到这种境界呢？我们认为，有几点是应该明确的。

第一，你的欲望应该有个度。我们拥有官能，必然存在欲望。合理地觅食求偶，无可非议，但欲望超出了一定的原则和范围，就成了罪恶了。恣意纵欲，可以污染人群、腐蚀国家。克制你的欲望，使之合理适度，这是心归于祥和平静的一个重要法门。

第二，让自己学会无私。每个人都有各自的工作和生活。如果他在工作和生活中追求的是贡献于社会，为的是民族和国家，而不仅仅是博取功名利禄，那么，就往往不会为时时都可能发生的报酬不公而抱怨、牢骚满腹、耿耿于怀。相反，却会因对同胞、社会、民族有所奉献，心生畅通光明，坦然无悔。一个为自己打算的人凡事斤斤计较，一遇报酬不相应，便会滋生被遗忘、被冷落、被否定的感觉，心的平衡与安宁必荡然无存。只索取不奉献，就会背弃自己作为社会成员应尽的责任。如此，固然省了精力，图了轻松，得了财富，却会为良心恒久的亏欠和懊悔所折磨；遭人白眼唾骂，更是损了人格，失了尊严。

第三，有点自知之明。人们能否得到心灵豁达，能否正确评价自我和确立自我追求是很重要的。一个人评价自我，是通过认识自己的长处和短处来进行的。如果夸大长处，必会傲气盈胸，自命不凡；夸大短处，则自惭形秽，自暴自弃。而只要自我评价一旦失真，人们通常就不知道自己应该做什么和能做些什么，在追求目标的选择上就容易陷入盲目。一个人只有自我评价恰如其分时，才心宁情畅，不骄不躁，不亢不卑。因此，生活目标可定得适度。一种既能充分激发自己的潜力，经过努力又能达到的目标，将使人们内心坚定踏实，永远充满乐观、自信、自尊与自豪。追求豁达的人，必然是一个积极、认真了解自己和切切实实了解了自己的人！

第四，来点自省。人非先天就是圣人，心中难免会有这样那样的错误、暗淡、罪恶、虚伪等念头。存有了这些念头并不可怕，可怕的是放纵、任性和宽恕自己，从而造成恶性循环，永远生活在黑暗中，最后被毁灭。人应该经常反省自己，警惕自己，告诫自己，使这些念头不重复而逐渐把它克服。一个人只有不断地清洗自己的心，扫除思想上的桎梏和精神上的烟雾，才能扩大豁达的心。雨果说："世界上最辽阔的是大海，比大海更辽阔的是天空，比天空更辽阔的是人的胸怀。"雨果所说的，正是那些豁达的人。

八分的智慧：豁达是一种情操，更是一种修养。只有豁达的人，才真正懂得善待自己，善待他人，生活才充满快乐，这才是豁达人生！

第七章　与人说话不要夸夸其谈

　　说话讲究的是真诚的对待他人，不要夸大其词，也不要天马行空。前者会让人不相信你的话，后者则会觉得你不是一个善于抓得住重点的人。言辞往往反映出一个人的修养、学识和教育程度。

说话要说得要恰到好处

中国是个讲究中庸的国家，一切都力求做到恰到好处，过与不及都不值得提倡。现实生活中，与他人交往，恰到好处的原则也很重要，下面我们就从几个方面来简要谈一下。

第一，对话是交际的基础，有对话才有交流，有交流才能产生情感。一次成功的交谈应像一场接力赛，每个人都是集体接力的一员，既要接好棒，也要交好棒，棒在自己手上时，要尽心尽力跑好，棒在他人手上时，不妨为之加油，为之喝彩。如果把交谈变成一个人的独白，尽管你讲得眉飞色舞，口干舌燥，也没有人为你鼓掌喝彩，所以能说善侃者切忌扮演"一言堂主"的角色。

第二，交谈中，由于各人的阅历不同，对事物的认识也不尽一致，观点的分歧、碰撞、交锋不可避免。这本是很正常的现象，如果一听到对方提出不同的意见，就急迫地插话或打断他人的话，欲把自己的观点强加于人，这样必然给人留下狭隘偏激的印象。明智的做法应该是大度宽容，不要盲目排斥，人家观点与你不一致，你可以说服或被说服，可以妥协，也可以求同存异。智者千虑，必有一失；愚者千虑，必有一得。集思广益，取长补短，才能使我们既长智慧，又得人心。

第三，在交谈过程中，每个人都有表现欲，同时也有被发现、被承认、被赞赏的内在心理需求。如果只热衷于表现自己，而轻视他人的表现，对自己的一切津津乐道，而对他人的一切不屑一顾，就势必造成自吹自擂、自我陶醉的不良印象。

从以上三个方面的叙述，我们可以看到注意恰到好处对说话有很大的影响。如果是"一言堂"，就会被人称为"话篓子"，甚至会妨碍与他人的继续交往。

交流总是双向的，不论是在公共场合发表演讲，还是和别人随意交谈，除了说话的自己（说话人）以外，还有说话的对象（听话人）。朱元璋做了皇帝之后，他从前的一位苦朋友从乡下赶来找他："我主万岁！当年微臣随驾扫荡庐州府，打破罐州城，汤元帅在逃，拿住豆将军，红孩儿当关，多亏菜将军。"朱元璋听他说得好听，心里很高兴。回想起来，也隐约记得他的话里像是包含了一些从前的事情，所以，就立刻封他做了大官。这个消息让另外一个苦朋友听见了，就也去了。和朱元璋一见面，他就直通通地说："我主万岁！还记得吗？从前，你我都替人家看牛。有一天，我们在芦花荡里，把偷来的豆子放在瓦罐里煮着。还没等煮熟，大家就抢着吃，把罐子都打破了，撒下一地的豆子，汤都泼在泥地里。你只顾从地下满把地抓豆子吃，却不小心连红草叶子也送进嘴里。叶子哽在喉咙口，苦得你哭笑不得。还是我出的主意，叫你用青菜叶子放在手上一把吞下去，才把红草叶子带下肚子里去了……"朱元璋嫌他太不会顾全体面，等不得听完就连声大叫："推出去斩了！推出去斩了！"

两个人说的是同一件事，可是因为说话的方式不同，就得到了截然不同的待遇。人们在社交生活的实践中，道理也是相同的。如何取悦你的谈话对象是很重要的原则，取悦你的谈话对象并不意味着一味趋附对方，而只是希望能够更好地达到交流的目的。

美国有位总统，有次批评他的女秘书："你这件衣服很漂亮，你真是一个迷人的小姐。只是我希望你打印文件时注意一下标点符号，让你打的文件像你一样可爱。"女秘书对这次批评印象非常深刻，从此打印文件很少出错。

身为美国总统，可算是世界上最有权势的人之一了，说话如此委婉、客气，这是他好修养好气度的体现。假如他换一种盛气凌人的口吻呵斥："怎么搞的！连标点符号都搞不清楚，亏你还是名牌大学毕业的！"只能让对方反感，而达不到纠正对方错误的目的。

人都是有自尊的，渴望获得他人的尊重。我们要明白，大而言在社会阶层中，小而言在一个团队，只有收入高低、分工不同的区别，但绝对没有人格的贵贱之分。扪心自问，我需要别人的理解和尊重吗？同样，这也正是别人都需要的。聪明的人就要先理解和尊重别人。

八分的智慧：说话是一门艺术，这毋庸置疑。所谓"良言一句三冬暖，恶语伤人六月寒"，有很多人说的话，立足点和出发点本来是不错的，但由于不注意说话艺术，却容易导致无谓的误解和争端。

说话的魅力在于是否善于表达真诚

说话的魅力并不在于你说得多么流畅，滔滔不绝，而在于你是否善于表达真诚。最能推销产品的人并不一定是口若悬河的人，而是善于表达真诚的人。当你用得体的话语表达出真诚时，你就赢得了对方的信任，建立起人际之间的信赖关系，对方也就可能由信赖你这个人而喜欢你说的话，进而喜欢你的产品了。

不仅推销员讲话如此，就是日常说话也是同样道理。讲得最顺畅的演讲不一定就是好的演讲，这种演讲虽然流畅优美，但是如果少诚意，那就失去了吸引力，如同一束没有生命力的绢花，很美丽但毫不鲜活动人，缺少魅力。因此，把你的真诚注入日常交流之中，把自己的心意传递给对方，当听者感受到你的诚意时，他才会打开心门，接收你讲的内容，彼此之间才能实现沟通和共鸣。

姿态的表现是你内心的外露。有的人，举手投足都会引起人们的反感，即便从他嘴里说出再确凿的事实，听的人也会给他说的话打折扣。有许多事情，就是由于说话的人不拘小节而影响了沟通的效果。与人交谈最适当的态度就是自然、随和、亲切、真诚。

大多数人站在众多人面前开口说话，都会有不同程度的紧张地展现自己感，虽然稍为口吃会增加听众对你的信赖感，但过度的话，情形就会大不相同了。要在大庭广众面前自然、流畅地说话的确不容易，这对每个人来说都是一种考验。

产生紧张的原因是多方面的。除了上面说的本身的心理因素外，还包括外界的一些因素。以演讲者为例，会场的气氛、环境、听众的感觉和表现都是影响演讲者心情的重要因素。有时候，一个人的羞怯或紧张似乎很难消除，这也是与人交往的最大的绊脚石。

面对这种情况，你要保持清醒的头脑，要清楚作为一个演说者，你个人的形态对听众的影响是至关重要的，千万别把自己逼入自己制造的模子当中，使自己看起来紧张不安。一旦你能在人群中随意自如起来，就不可能再退缩，能以正常的平日的方式来表达自己的意见。

有许多人，通过呼吸来调整自己的紧张心态。改变发声只是消除紧张的一种方法，而且这种方法要训练相当长的时间。有时候会突然而来涌上一股紧张情绪，如何消除这种突发的紧张感呢？芽这就需要你的聪明才智和应变能力，即能否把你的紧张变成一种幽默。

每个人只要能正确认识自己，清醒面对形势，再加上聪明才智和敢于自嘲，就会圆满达到沟通的目的。

你自认为不善于表达吗？请不要为此烦恼，这是很正常的，你并不比别人迟钝，世界上哪有天生就辩才无碍的人呢？如果真有的话，那他不是天才，就是个爱出风头、思虑不周的人。

所有的人一开始都无法在众人面前畅所欲言，但是后来，有的人能成为著名的雄辩家、演说家，有的人却还停留在原地毫无进步。那些成功的人，大多能冷静地分析出自己的缺点所在，知道有什么该加强。然后，诚心诚意地说出自己准备好的话，这样才能让听者感动并付之会心一笑。

有些肤浅的想法，经常会成为自己表达的绊脚石。真正的秘诀是，在上台说话之前告诉自己："我就照这个方法说吧！"下定决心之后，你就可以很轻松地说出来。很多时候我们只需要一点点的勇气和一点点的决断，而不是懦弱地站在那里，不知道该往何处走。

八分的智慧：来到一个陌生的环境，遇见一群陌生的人，用什么态度去面对完全取决于你自己，那何不充满勇气，放手一搏呢？想想最坏的结果又能怎么样呢？

什么场合说什么话要有讲究

有些人很自豪于自己的说理能力，很擅长在自己的谈话之中运用三段论法及辩证法，自以为所说的话是井然有序而且没有破绽。然而，经常把别人批评得体无完肤，周围的朋友往往也被批评得避之犹恐不及。这么一来，这种人就很难交到朋友。

世上有太多爱讲大道理的人，这当中自然不乏口才特别优秀的人。清晰的口齿、滔滔雄辩的口才，的确能够让人觉得英气焕发。实际上，这只是一种感觉，而不是具体的事实。对任何事都爱发表评议，是现代人常有的现象，并不是什么坏事，但这只不过是自己的感想罢了，还称不上是完整的见解与知识。

这种人大多喜欢以自己的一知半解强出风头，不过是"半桶水"的爱表现者，凡是善辩的人大多喜欢卖弄这种技术，结果形成了陶醉于自我而固执己见的性格，一心一意地想要扳倒对方，这样只会摧毁彼此的情谊。

古圣先贤教导我们要"谦虚为怀"，并告诫我们"满招损，谦受益"。要虚心听取不同意见，听取真正朋友的忠告。我们也可以在充分尊重对方人格的前提下，提出自己的见解供其参考，不要遇事好为人师，弄得他人无所适从。

然而，过度谦虚又会形成另一种自我表现，也就是说，过度谦虚所产生的影响和自大夸张一样。在有些情况下，过度谦虚反而会让人感到不真诚。

如果你能和任何人连续谈上十分钟并使对方发生兴趣，你便是很好的交际人物了。因为"任何人"这个范围是很广的，他也许是个工程师，也许是个法学家，或者是个教师，或者是个艺术家，或者是个打石工人。总之，无论三教九流，各种阶层的人物，你若能和他谈上十分钟使他还有兴趣的话，真是不容易。不过不论难易，我们总不能不设法打通这难关，常见许多人因为对于对方毫无认识而相对默然，这是很痛苦的。其实如果肯略下工夫，这种不幸情形就可减少，甚至于做个不错的交际家也并非难事。"工欲善其事，必先利其器"，这虽是一句老话，直到现在仍然适用，首先要充实你自己的知识。

当然不能希望一个胸无点墨的人应对自如。学问是一个利器，有了这利器，一切皆可迎刃而解。你虽不能对各种专门学问皆作精湛的研究，但是常识却是必须具备的。具备了一般的常识，再巧妙地运用起来，那么和任何人兴致勃勃地谈十分钟都是不难的。你须多读书多看报，世界的动向、国内的建设情形、科学界的新发明和新发现、世界各地的地方特点或人物的特性，以及艺术新作、时髦服饰、电影戏剧作品的内容等等，皆可从每日的报章和每月的杂志中看到。诚能如是，并灵活运用，则应付各种人物，都会游刃有余。

苏联文学家高尔基说，如果有个人说起话来废话连篇，这就说明他自己也不甚明了他说些什么。

在公共场合演讲，有的人长篇大论，滔滔不绝，用语言的触角抓住了每一位听众，自然令人钦佩；有的人把自己的意思浓缩成一句话，犹如一粒沉甸甸的石子，在听众平静的心湖里激起层层波浪，同样值得称道。换个角度说，如果简短更有力，或同样有力，又何必长篇大论呢？更不用说是冗长而拖沓的演讲了。

只说一句话，不允许拐弯抹角，旁生枝节，必须抓住精髓，巧作对比，以求一语中的。请看一个发生在 20 世纪 30 年代的故事。我国著名新闻记者、政治家、出版家邹韬奋先生于 1936 年 10 月 19 日在上海各界公祭鲁迅先生大会上发表了一句话演讲："今天天色不早，我愿用一句话来纪念先生：许多人是不战而屈，鲁迅先生是战而不屈。"

邹韬奋先生演讲的这一句话演讲，在当时被人们誉为最具特色的演讲。即便是现在人们仍感叹邹韬奋先生演讲得简练有力。透过这一句话的演讲，我们分明可以感受到里边蕴含着极为丰富的内容——既有对当时政治战线、思想战线、文化战线上"不战而屈"的投降派的谴责，又有对鲁迅先生"横眉冷对千夫指"，勇敢战斗，决不屈服的可贵品格的赞颂。"不战而屈"和"战而不屈"，同样四个字的不同组合，成为衡量一个人有没有硬骨头的试金石。这极其精练的一句话演讲，巧妙地采用了鲜明的对比，使卑微者更渺小，使高尚者更伟大，尽管只是一句话，却激发了人们奋起抗争的勇气，鼓舞人们以鲁迅先生为榜样，挺身而出，战斗不止。

说话是人们交流信息、传情达意的一个重要手段。它所表达的意义是通过人们对其发音器官的有意识控制和使用而表现出来的。这种控制和使用的一个重要对象便是说话的声和气。恰到好处是使用声和气不仅能充分地表达说话的意图和情感，而且还能使说话生机勃勃，充满艺术的感染力。

譬如，有人说话总是和声细语的。这种声和气宛如柔和的月光、涓涓的泉水，由人心底流出，轻松自然，和蔼亲切，不紧不慢，能给听者以舒适、安逸、细腻、亲密、友好、温馨的感觉。人们在请求、询问、安慰、陈述意见时常使用这种声和气。它可以弘扬男性的文雅大度和女性的阴柔之美。尤其是在抒发情感时，这种声和气的运用更具有一种迷人的魅力。还有人说话是高声大气的。这是一种人们用来召唤、鼓动、说理、强调和表达自己激动心情的声和气。它可以表现说话者的激情和粗犷豪放的气质。虽然它和大吼都属于高音频和高调值，但是它通常是用来表示极度的欢喜或慷慨激昂的。还有其他很多种语气，恶声恶气，怪声怪气，低声下气，唉声叹气，有声无气等等。不同的声和气表达着不同的意思。因此，我们说话时，不仅要注重遣字用词，更应该选用恰当的声和气。这一点十分重要。否则，再美的词语也会失去光彩，并很有可能引起听者的猜疑、妒忌、不满、反驳、敌视、唾弃和嘲笑。

八分的智慧：选择用怎样的语气谈话，要取决于你所处的场合、你的谈话对象以及你谈话的内容目的等各种因素，需要具体问题具体分析。但事前意识到讲话语气的作用对你的谈话目的的达成是大有裨益的。

言谈之间千万别说到人的痛处

每个人身上也都有几片"逆鳞"存在，唯有小心观察，不触及对方的"逆鳞"，也就是我们所说的"痛处"，才能保持圆融的人际关系。

英国作家托马斯·富勒曾经写道："失足引起的伤痛很快就可以恢复，然而，失言所导致的严重后果，却可能使你终生遗憾。"

一个人若想和上司、同事间建立良好的人际关系，一定要记住：保持适当距离，做事公私分明，尤其要注意，言谈之间不要说到别人的痛处。

被击中痛处，对任何人来说都是件不愉快的事。

不管在什么情况下，不去碰触别人的痛处，不但是待人处世应有的礼仪，更是在都市丛林中左右逢源的关键。

有修养的人即使在盛怒之下，也不会扩散愤怒的波纹；但是涵养不够的人，被激怒了，往往就会面露凶貌，口出恶言，甚至随手拿起手边的东西往地上摔。

某些人暴跳如雷的时候，还会口不择言，用侮辱性的语言攻击别人最敏感的隐私，这是相当不明智的行为。

一旦你攻击他人的痛处，修养好的人虽不至于当场发作，与你破口对骂，但心中的疙瘩和怨恨往往难以抹平，如果不幸他是你的上司或客户的话，你就会变成被"封杀"的对象。

在公司里，"封杀"意味着调职、冷冻、开除。

如果你是公司负责人，"封杀"就代表对方拒绝继续与你往来，或是"冻结彼此的关系"。

中国古代有所谓"逆鳞"的说法，强调即使面对温驯的蛟龙，也不可掉以轻心。

传说中，龙的咽喉下方约一尺的部位，长着几片"逆鳞"，全身只有这个部位是逆向生长的，万一不小心触摸到这些逆鳞，必定会被暴怒的龙吞噬。

至于其他部位，不论你如何抚摸或敲打都没关系，只有这几片逆鳞，无论如何也触摸不得，即使轻轻摸一下也犯了大忌。

其实，每个人身上也都有几片"逆鳞"存在，即使是人格高尚伟大的人也不例外。唯有小心观察，不触及对方的"逆鳞"，也就是我们所说的"痛处"，才能保持圆融的人际关系。

美国在费城举行宪法会议的时候，会议中分为赞成派和反对派，讨论相当白热化。出席者的言论都非常尖锐，甚至演变成人身攻击。

由于出席者有着人种、宗教方面的差异，利害关系相同的人自然结合在一起，会议充满了火药味和互不信任的气氛。

眼看会议即将决裂时，持赞成意见的富兰克林适时地出面收拾了紊乱的场面，终于促使宪法成立。

面对反对派猛烈的攻击，富兰克林不慌不忙地对他们说："老实说，对这个宪法我也并非完全赞成。"

这句话一出，会议纷乱的情形霎时停止了，反对派人士不禁感到怀疑：富兰克林既然是赞成派，为什么不完全赞成自己所提的宪法呢？

富兰克林顿了一会儿，才继续说："我对于自己赞成的这个宪法并没有信心，出席本会议的各位，也许对于细则还有些异议，但不瞒各位，我此时也和你们一样，对这个宪法是否正确抱有怀疑态度，我就是在这种心境下来签署宪法的。"

富兰克林的这番话，使得反对派的激动和不信任态度终于平静下来，美国的宪法终于顺利通过。

一般人要化解对方的不信任感，往往会以强硬的口气说"请你相信我的话"，或者说"根本没有那回事"，结果反而使对方的不信任感更加强烈。

因为这样说，就像是要将对方的不信任全面否定，只保留自己单方面的主张，实际是一种正面的攻击，这样做是不会产生任何效果的。

对于一件事情，如果光是强调好的一面，那么对方对于你所说的话，就会存有不信任的潜在心理。

如果为了让对方相信自己，消除他的不信任感，而一再强调自己的优点，这样反而缺乏说服力。还不如利用人类潜在心理的"别扭心态"，来取得对方的信任。

例如，你可以先给对方一些不利于自己的消息，使对方觉得你"还蛮老实的", 这样一来, 他就会产生想听你继续说话的意愿, 你便可以附带地为自己说些好话, 在不知不觉中, 对方就会顺利地接受你的诱导。

富兰克林就是利用了这个技巧, 先说一些对自己不利的话, 使对方反而产生了信任感。

文艺复兴时期的艺术大师米开朗琪罗, 在为教皇朱理二世绘制宫廷的天顶画时, 朱理二世曾要求他必须将圣徒和先知们身上的衣服画得高贵华丽一些。

米开朗琪罗对这项要求十分不以为然, 但是又不便当面得罪教皇, 于是, 半开玩笑地说: "您知道的, 他们原本就是穷人嘛, 何必硬要他们装阔?"

后来, 当他开始制作壁画时, 教皇又派人传话, 要他修改壁画上的人物。

米开朗琪罗这次再也按捺不住, 以平静的语气对传话的人说: "你回去转告教皇, 修改壁画是一件小事, 用不着他那么操心, 还是请他老人家把心思用在如何把这个世界修改得好一点吧!"

米开朗琪罗说话的功夫堪称一流, 犀利的讽刺话语使得教皇朱理二世领教后, 从此再也不䋎唆。

如果你自认没有米开朗琪罗的犀利口才, 那么, 与人交谈时应该注意, 答话时千万别含糊不清, 否则很容易产生误会, 万一你无法自圆其说, 必定陷入窘境, 任何说话技巧都无济于事。

所以, 说话要把握主旨和逻辑, 要说得恰到好处, 以免言谈有所闪失, 授人把柄, 甚至作茧自缚。

这是避免错误, 摆脱窘境的根本方法。

假如朋友或同事在公开场合责备你, 而情况与事实又有出入, 这肯定使你难堪。这时, 你该怎么办呢? 你应该心平气和地直言: "我们是否私下谈谈? 我想请你调查清楚了再说话。不然, 我以后很难和你相处。"

倘若亲友无缘无故责备你, 你也应该明确地跟他说: "你让我十分难堪, 请你告诉我这是为什么。我哪里得罪你了?"

人们常说: "见什么人说什么话, 到什么山唱什么歌。"也就是在什么场合说什么话, 是人们在长期交际实践中总结出来的经验。场合就是谈话的社会环境、自然环境和具体场景, 具体场景又涉及谈话的时间、空间及周围环境。它们虽然无言, 却在言语交际中起到不可低估的参与和影响作用。谈话双方对于话题的选择与理解、某个观念的形成与改变、谈话的心理反应以及交谈结果，无不与场合有直接联系。这就要求谈话者必须估计场合影响，并有意识地巧妙利用场合效应。

有一年轻人眉清目秀，长相不俗，就是不会说话。岳父去世，家人大恸，他以酒相慰，对内弟说："好事成双，再饮一杯。"朋友结婚，他前去祝贺，喜宴上他慷慨陈词："凭咱哥们交情下次你再结婚我还来喝酒。"满座人面面相觑，朋友哭笑不得，他却山吃海喝，浑然不觉。因为他说话不合时宜，所以谁家有个婚丧嫁娶的事情都不欢迎他。有好心人背后开导他说话要注意场合，多说主人爱听的吉利话，别说人家忌讳的话，他才幡然省悟，牢记在心。

八分的智慧：说话随心所欲，信口开河，想到什么说什么，把话说得很满，这是"不会说话"的一种拙劣表现。人总是在一定的时间、一定的地点、一定的条件下生活的，在不同的场合，面对着不同的人、不同的事，从不同的目的出发，就应该说不同的话，用不同的方式说话，这样才能收到理想的言谈效果。

说话的尺度拿捏得好，才有分量

人与人之间沟通，懂得如何说话、说些什么话、怎么把话说到对方心坎里，这些都是很重要的地方。嘴上功夫看似雕虫小技，却有可能因此扭转你的一生。

西汉初年，汉高祖刘邦打败项羽，平定天下之后，开始论功行赏。这可是攸关后代子孙的万年基业，群臣们自然当仁不让，彼此争功，吵了一年多还吵不完。

汉高祖刘邦认为萧何功劳最大，就封萧何为侯，封地也最多。但群臣心中却不服，私底下议论纷纷。

封爵受禄的事情好不容易尘埃落定，众臣对席位的高低先后又群起争议，许多人都说："平阳侯曹参身受七十处伤，而且率兵攻城略地，屡战屡胜，功劳最多，应当排他第一。"

刘邦在封赏时已经偏袒萧何，委屈了一些功臣，所以在席位上难以再坚持己见，但在他心中，还是想将萧何排在首位。这时候，关内侯鄂君已揣测出刘邦的心意，于是就顺水推舟，自告奋勇地上前说道："大家的评议都错了？曹参虽然有战功，但都只是一时之功。皇上与楚霸王对抗五年，时常丢掉部队，四处逃避，萧何却常常从关中派员填补战线上的漏洞。楚、汉在荥阳对抗好几年，军中缺粮，也都是萧何辗转运送粮食到关中，粮饷才不至于匮乏。再说，皇上有好几次避走山东，都是靠萧何保全关中，才能顺利接济皇上的，这些才是万世之功。如今即使少了一百个曹参，对汉朝有什么影响？我们汉朝也不必靠他来保全啊？你们又凭什么认为一时之功高过万世之功呢？所以，我主张萧何第一，曹参居次。"

这番话正中刘邦的下怀，刘邦听了，自然高兴无比，连连称好，于是下令萧何排在首位，可以带剑上殿，上朝时也不必急行。而鄂君因此也被加封为"安平侯"，得到的封地多了将近一倍。他凭着自己察言观色的本领，能言善道，舌灿莲花，享尽了一生荣华富贵。

说话，要懂得什么时候说什么话；说了，还要为自己说过的话负责。一个人如果不是真材实料，如果没有真知灼见，从他嘴里吐出来的话也许能一时吸引他人，却不能一世蒙蔽他人。

说话要有尺度，尺度拿捏得好，很普通的一句话，也会平添几许分量，话少又精到，给人感觉深思熟虑。而说话的尺度决定与你谈话的对象、话题和语境等诸多因素的需要。换句话说，要言之有度。

有度的反面则是"失度"，什么叫作"失度"呢？一般说来，对人出言不逊，或当着众人之面揭人短处，或该说的没说，不该说的却都说了。这些都是"失度"的表现。下面我们就简要介绍一些在谈话中禁忌的话题，接触这些话题容易导致谈话"失度"，产生不良效果。

（1）随意询问健康状况。向初次见面或者还不相熟的人询问健康问题，会让人觉得你很唐突，当然如果是和十分亲密的人交谈，这种情况不在此列。

（2）谈论有争议性的话题。除非很清楚对方立场，否则应避免谈到具有争论性的敏感话题，如宗教、政治、党派等易引起双方抬杠或对立僵持的话题。

（3）谈话涉及他人的隐私。涉及别人隐私的话题不要轻易接触，这里包括年龄、东西的价钱、薪酬等，容易引起他人反感。

（4）个人的不幸。不要和同事提起他所遭受的伤害，例如他离婚了或是家人去世等。当然，若是对方主动提起，则要表现出同情并听他诉说，但不要为了满足自己的好奇心而追问不休。

（5）讲一些不同品位的故事。一些有色的笑话，在房间内说可能很有趣，但在大庭广众之下说，效果就不好了，容易引起他人的尴尬和反感。

在人际交往中，谈话要有尺度，认清自己的身份，适当考虑措辞。哪些话该说，哪些话不该说，应该怎样说才能获得更好的交谈效果，是谈话应注意的。

八分的智慧：讲话尽量客观，实事求是，不夸大其词，不断章取义。讲话尽量真诚，要有善意，尽量不说刻薄挖苦别人的话，不说刺激伤害别人的话。

含蓄说话往往是做人有深度的表现

社会生活纷繁复杂，人们总会遇到一些不便直言的事情或场合，这就要求我们要掌握委婉含蓄的说话技巧。含蓄就是在交谈或论辩中，不把本意直接说出来，而是采取曲折隐晦的方式表示本意，带有哑谜特色的一种当众讲话方法。

第二次世界大战后，一位记者问萧伯纳："当今世界上你最崇敬的是什么人？"萧伯纳答道："要说我所崇敬的第一个人，首先应推斯大林，是他拯救了世界文明。"记者接着问："那么第二个人呢？"萧伯纳回答："我所崇敬的第二个人是爱因斯坦先生。因为他发现了相对论，把科学推向一个新的境界，为我们的将来开辟了无限广阔的前景，他对人类的贡献是无可估量的。"记者又问："世界上是不是还有阁下崇拜的第三个人呢？"萧伯纳微笑道："至于第三个人嘛，为了谦虚起见，请恕我不直接说出他的名字。"

细加揣摩便会明白萧伯纳的本意，记者们心领神会，对萧伯纳含蓄幽默的说话技巧钦佩不已，同时也得到了满意的答复。

在日常交际中，人们总会遇到一些不便说、不忍说，或者是由于语言环境的限制而不能直说的话，因此不得不"遁辞以隐意，谲譬以指事"（刘勰《文心雕龙·谐隐》），故意说些与本意相关或相似的事物，来烘托本来要直说的意思，使本来也许十分困难的交往，变得顺利起来。

在以下情形你可以试用委婉含蓄的方法表达自己的意见，往往会收到意想不到的后果。

当你要表达难以启齿的事物、行为或要求时，含蓄的方法可帮你解围。

《贵阳晚报》曾介绍过一位卖夜壶的老大爷与一个顾客的对话：

冬天，一个顾客见有久违的夜壶上市，而且质量很好，造型别致，便去挑选。但选来选去，总感到太大，便自言自语道："好是好，就是大了点。"

老大爷闻言，笑道："冬天——夜长啊！"

顾客一听，会心地笑了，于是买了一把。对话中，这位老大爷用"冬天——夜长"一句话，含蓄地表达了"夜长尿多"的意思，幽默风趣。

对有些棘手的问题不便明言，但大家都能明白时，为照顾对方面子，维护自己的尊严，当众讲话时可含而不露，让听众去自己体会。

1972年2月21日，尼克松访华下榻在钓鱼台国宾馆。尼克松与基辛格及白宫来的工作人员被安排在18号楼，而国务卿罗杰斯等人住在不远的6号楼，基辛格以前两次来访时在这幢楼住过。尼克松从住处的安排就觉察出周恩来十分熟悉美国国情，知道美国权力设置的"三权分立，权力制衡"的制度。

到达宾馆后，大家在会客厅摆成大圆圈的沙发上落座，周恩来总理和美国客人一一打过招呼，寒暄中不时开几次小小的玩笑，以活跃气氛。

当时由于中美未正式建交及历史原因，很多问题的表达都让人感到棘手。如何才能既维护自己的尊严又不令对方过于难堪成了外交活动的理想境界。在谈判时，采用含蓄的方式既能表达自己的意思，令对方一思即得，又能使谈判顺利进行，周恩来的外交风采就鲜明地体现在对含蓄方式的运用上。

晚上，在欢迎尼克松总统一行的酒会上，周恩来说："由于大家都知道的原因，两国人民之间的来往中断了20多年……"

这一"大家都知道的原因"真是绝妙，它既使在座的人们知道造成这一事实的原因是美国对新中国的封锁和干涉，又不伤美国人的面子。听到这一"原因"，在场的美国人和中国人都心照不宣，相视一笑。

当你发现领导或长辈确实犯了错误，又不便直接指出时，借助含蓄语言可以起到劝导作用。

齐景公滥用酷刑，百姓怨声载道。晏婴一直想借机劝谏。一天，齐景公对晏婴说："先生的房子离集市太近，狭小潮湿，喧闹而多尘土，我想给你换一处好房。"晏婴推辞说："离集市近，也有好处，买什么东西出门就到，再说，怎么敢烦劳众乡里帮我盖房搬家呢？"景公笑了笑，道："你离集市近，了解市价行情吗？"晏婴点点头。景公说："那你说现在市场上什么东西贵，什么东西贱？"当时齐景公对百姓采用的酷刑是砍掉双腿，因此市场上卖假腿的很多。于是晏婴趁机说："踊贵履贱。"意思是说市场上假腿需求量增大而不断涨价，而鞋却十分便宜。齐景公意识到自己的过错，从此免了砍腿的酷刑。

为防止产生误会，造成隔阂，也为了让对方接受建议，对一些特殊人物可采用婉言批评的技巧。

曹禺《日出》中方达生和陈白露有这样一段对话：

方：竹均，怎么你现在变成这样——

陈：这样什么？

方：呃，呃，这样地好客——这样地爽快。

陈：我原来不是很爽快吗？

方：（不肯直接道破）哦，我不是，我不是这个意思……我说，你好像比从前大方得——

陈：我知道你心里是说我有点太随便，太不在乎，你大概有点疑心我很放荡，是不是？

在这段对话中，方达生本意是要批评陈白露"太随便"，但这样说怕伤了对方，而使用"好客""爽快""大方"等词语，婉转地批评了陈白露，使陈白露自然地警觉起来。这种婉言批评是一种正话反说，还有一种方法是先隐后现，即先引其亮出观点，而后提出事实，证明其观点错误，使其自我否定，达到教育目的。

八分的智慧：当你不愿、不必或不需对一些错误言行进行直言批评时，运用含蓄的语言进行委婉、间接的批评，既可以给被批评者留面子，又能一语点透。永远要记住如果你不采用含蓄的语言进行委婉，间接的批评，而严辞厉句地批评别人，也许你早就忘记了。可是，被你伤害的那个人却永远不会忘记。

说话要有分寸，要考虑别人的感受

说话要有分寸，分寸拿捏得好，很普通的一句话，也会平添几许分量，话少又精到，给人感觉深思熟虑。而说话的分寸决定与你谈话的对象、话题和语境等诸多因素的需要。换句话说，要言之有度。

有度的反面则是"失度"，什么叫作"失度"呢？一般说来，对人出言不逊，或当着众人之面揭人短处，或该说的没说，不该说的却都说了。这些都是"失度"的表现。下面我们就简要介绍一些在谈话中禁忌的话题，接触这些话题容易导致谈话"失度"，产生不良效果。

第一，健康状况。当然如果是和十分亲密的人交谈，这种情况不在此列。

第二，有争议性的话题，除非很清楚对方立场，否则应避免谈到具有争论性的敏感话题，如宗教、政治、党派等易引起双方抬杠或对立僵持的话题。

第三，他人的隐私。包括年龄、东西的价钱、薪酬等涉及隐私的话题不要接触，容易引起他人反感。

第四，个人的不幸。不要和同事提起他所遭受的伤害，例如他离婚了或是家人去世等。当然，若是对方主动提起，则要表现出同情并听他诉说，但不要为了满足自己的好奇心而追问不休。

第五，还包括一些不同品位的故事。一些有色的笑话，在房间内说可能很有趣，但在大庭广众之下说，效果就不好了，容易引起他人的尴尬和反感。

在人际交往中，谈话要有分寸，认清自己的身份，适当考虑措辞。哪些话该说，哪些话不该说，应该怎样说才能获得更好的交谈效果，是谈话应注意的。同时还要注意讲话尽量客观，实事求是，不夸大其词，不断章取义。讲话尽量真诚，要有善意，尽量不说刻薄挖苦别人的话，不说刺激伤害别人的话。

委婉是一种既温和婉转又能清晰明确地表达思想的谈话艺术，是运用迂回曲折的语言含蓄地表达本意的方法。说话者特意说些与本意相关的话语，以表达本来要直说的意思。这是语言交际中的一种缓冲方法，它能使本来也许困难的交往，变得顺利起来，让听者能在比较舒适的氛围中领悟本意。

它的显著特点是"言在此而意在彼"，能够诱导对方去领会你的话，去寻找那言外之意。从心理学的角度来看，委婉含蓄的话，不论是提出自己的看法还是劝说对方，都能比较适应对方心理上的自尊感，使对方容易赞同，接受你的说法。有些话，意思差不多，说法稍有不同，给人感觉却大不一样，如：谁——哪一位；不来——对不起，不能来；不能干——对不起，我不能做；什么事——请问你有什么事；如果不行就算了——如果觉得有困难的话，那就不麻烦你了……前者太直白，后者委婉动听了许多，让人容易接受。

林肯一直以具有视觉效果的词句来说话，当他对每天送到白宫办公桌上那些冗长、复杂的官式报告感到厌倦时，他提出了反对意见，但他不会以那种平淡的词句来表示反对，而是以一种几乎不可能被人遗忘的图画式字句表达。"当我派一个人出去买马时，"他说，"我并不希望这个人告诉我这匹马的尾巴有多少根毛。我只希望知道它的特点何在。"

委婉含蓄的表达方法有以下几种：①赞扬法，目的是顾全对方的面子，使对方容易下台；②暗示法，很难说出口的话可以采用这种方法；③模糊法，只可意会不可言传。

说话，通常不是说给自己听，而是说给别人听；既然如此，你又怎么能不去考虑一下别人听了这些话，会有什么样的解读呢？

说话说得好，不如说得巧。

一句话可能令你晋位升爵，但也有可能为你惹来杀身之祸。尽信书不如无书，同样的，如果不具有融会贯通说话的学问，那就少言为妙。

三国时期的杨修，在曹营内任主簿。他为人才思敏捷，是当时不可多得的人才之一，但是由于十分恃才自负，屡次得罪曹操而不自知。

某次，曹操建造一所花园，竣工后，曹操四处观看，不发一语，只提笔在门上写了一个"活"字，想和手下人打个哑谜。众人看了都不解其意，只有杨修笑着说："'门'内添'活'字，乃'阔'字也。丞相是嫌园门太窄了，想扩宽它。"

于是，手下再筑围墙，改造完毕又请曹操前往观看。曹操看了非常高兴，一问之下，知道杨修毫不费力就解出自己出的谜题，嘴巴上虽然称赞几句，但心里却很不是滋味。

又有一天，塞北送来一盒酥饼，曹操在盒子上写了"一盒酥"三字。正巧杨修进来，看了盒子上的字，竟不待曹操开口，径自取来汤匙与众人分食那一盒糕饼。

曹操被他大胆妄为的行径吓了一跳，此时，杨修嘻嘻哈哈地说："盒子上写明了一人一口酥，我又怎么敢违背丞相的命令呢？"

曹操听了，虽然勉强保持风度、面带笑容，心里却十分厌恶杨修这种得了便宜还卖乖的行为。

曹操生性多疑，深怕遭人暗中谋害，因此谎称自己在梦中会不自觉地杀人，告诫身边侍从在他睡着时切勿靠近他，后来还故意杀死一个替他拾被子的侍从，想借此杀鸡儆猴。

没想到杨修得知这件事，马上看穿曹操的心意，当着曹操的面喟然叹道："丞相非在梦中，君乃在梦中耳！"

曹操哪里经得起这样的冷嘲热讽，下定决心，非把杨修这个人除之而后快不可。

机会终于来了。曹操率大军攻打汉中，迎战刘备时，双方于汉水一带对峙很久。曹操由于长时间屯兵，已经陷入进退两难的处境。此时，恰逢厨子端来一碗鸡汤，曹操见碗中有根鸡肋，感慨万千。

刚好夏侯惇在这时进入帐内禀请夜间口令，曹操随口说道："鸡肋！鸡肋！"夏侯惇便把这两个字当作口令传了出去。

行军主簿杨修听了这事，便叫随行的部众收拾行装，准备归程。

夏侯惇见了惊恐万分，立即把杨修叫到帐内询问详情。

杨修解释道："鸡肋鸡肋，弃之可惜，食之无味。今进不能胜，退恐遭人笑，在此有何益处？来日魏王必班师矣。"

夏侯惇对杨修的这一番解释非常佩服，于是，下令营中将士打点行装，好鸣金收兵，准备撤退。

曹操得知这种情况，一口咬定杨修造谣惑众，在他身上安了一个扰乱军心罪，毫不留情地把他杀了。

杨修颇有些聪明，最后却聪明反被聪明误。他恃才傲物，只想一味夸耀自己的机智，完全不顾及别人的感受好恶，即使面对的是顶头上司，还要处处露一手，终于惨遭灭顶的命运。

说话，通常不是说给自己听，而是说给别人听，既然如此，你又怎么能不去考虑一下别人听了这些话，会有什么样的解读呢？

八分的智慧：一个真正懂得说话的人，不见得字字珠玑、句句含光，但是，他总是能说出对方想听到的话。

第七章

与人说话不要夸夸其谈

表达自己观点的时候要懂得变通

原则，是一条待人接物的轨道；但是墨守原则，这条轨道便会成为碍手碍脚的束缚，不但窄化了你的视野，并且局限了你的人生。做人的最高原则，应该是"可以随时改变你的原则"。

从前有个读书人，自认学富五车，无论做什么事情，都喜欢引经据典、咬文嚼字一番。根据他的说法，是为了"不违古训"，展现读书人的"满腹经纶"。

一天，读书人的家里突然发生火灾，救火不及的大嫂气喘咻咻地对他说："快点叫你哥哥回来救火，他在隔壁王大爷家下棋。"

读书人出了大门，他心想："嫂子叫我快一点，这有违古训，圣贤书上不是都说'欲速则不达'吗？我怎么能匆匆忙忙的呢？"

因此，他慢慢吞吞地走到王大爷的家，看见哥哥和王大爷正在兴高采烈地弈棋，读书人走上前去，默默地站在哥哥身旁观棋。好不容易，这精彩的棋局总算下完了，读书人这才说道："哥哥，家里失火，嫂子叫你快点回去救火！"

哥哥一听，简直气得说不出话来，他浑身直抖，过了好一会儿，才咬牙切齿地骂道："这么严重的事，你为什么不早点说？"

读书人一脸理所当然的样子，指着棋盘上的字说："难道你没看见这棋盘上清清楚楚地写着'观棋不语真君子'吗？"

到了这种地步，还要什么斯文！哥哥听不下去，举起拳头正要打他，但想一想，到了这种地步就算打了也无济于事，于是硬生生地将拳头缩了回来。

读书人见哥哥缩回拳头，反而把脸凑了过去，说道："哥哥，你打吧！棋盘上写着'举手无回大丈夫'，你怎么可以把手缩回去呢？"

孔子说："深则厉，浅则揭。"意思是当人们穿着衣服过河时，若是遇到水浅的时候，可以把衣服拉高了涉水过去，但是万一水太深了，怎么样都无法避免弄湿，你又何必多此一举地把衣服拉高呢？

连孔子这样的至圣先师都不能不依照情况调整他做人处世的方法，我们身为凡夫俗子，又岂能那么不知变通？

每个人都有自己的原则，都有自己的习惯，但是当情况改变了，你若不能跟着改变，你就会被淘汰。

固守原则，未必是件坏事，但是不知变通，你的路便会越走越窄，只有纵观全局的人，才能进退得宜，海阔天空。

狄摩西尼曾说："一条船可以由它发出的声音知道它是否破裂，一个人也可以由他的言论知道他是聪明还是愚昧。"

这句话告诉我们，人们往往用内心的思想来评断自己，但是，别人却会从你口里说出来的话来评断你这个人。

纪晓岚是众所皆知的机智才子，此外，他还是个绝佳的沟通高手。纪晓岚在小的时候就已经非常有大将之风了。有一次，他和几个孩子在路边玩球，一不小心，把球丢进了一个轿子里。

大家匆匆忙忙地跑过去一看，这可不得了！轿子里坐的竟然是县太爷，不仅如此，那颗皮球还不偏不倚地击中了他的乌纱帽！

"是谁家的孩子胆敢在这里撒野？"乌纱帽被天外飞来的一球打歪的县太爷怒斥道。孩子们一哄而散，唯独纪晓岚挺着胸膛，走上前去想讨回皮球。

纪晓岚恭敬地对县太爷说："大人政绩卓越，百姓生活安乐，所以小辈们才能在这里玩球。"

县太爷一听，气马上消了一半，他笑着说："真是个小鬼灵精！这样吧，我出个上联给你对，要是你对得上，我就把球还给你。"

县太爷环顾了一下四周，出了道题目："童子六七人，惟汝狡！"

纪晓岚眼睛一转，说出了下联："太爷二千石，独公……"

"独公什么？赶快说啊！"

"大人，如果把我的球还给我就是'独公廉'，要不然就是'独公……'"纪晓岚故意支支吾吾地不说下去。

县太爷看到这种情形，不由得哈哈大笑，他一边把球还给纪晓岚一边笑骂道："好小子，真有你的！我才不要中了你的圈套，成了'独公贪'咧！"

一言定江山，一个人的谈吐便有可能改变他的一生。20世纪60年代，美国有一位民权运动者，在街头巷尾宣传"种族平权运动"。他的声音冷静，但用字遣词充满张力，一波接着一波的言语像一首交响乐，以一种锐利的形势层层迭上、推进人心。

当他终于以最深沉的嗓音嘶吼出"我有一个梦！我有一个梦"时，台下的群众全被震慑住了，他们疯狂地响应着："阿门！阿门！"

这个名叫马丁·路德·金的民权运动者，便以这篇著名的《我有一个梦》的演讲席卷全国，改写了美国的历史。

我们也许没有纪晓岚的机灵，没有马丁·路德·金的魅力，但是"有话好说"，乃是我们必须用一生来学习的艺术。

八分的智慧：征服一个人，以至于征服一群人，有很多时候用的往往不是刀剑，而是舌尖。

说话要学会给自己留点余地

大港油田某工厂有一批工人因厂里多年来一直半死不活，纷纷要求调动，对此，新厂长并没有大惊小怪，更没有埋怨指责，面对几百名"请调大军"，他发出肺腑之言："咱们厂是有很多困难，我也憷头。但领导让我来，我想试一试，希望大家能相信我，给我半年时间，如果半年后咱厂还是那个奶奶样，我辞职，咱们一块走？"

这些话语没有高调，朴实无华，既是人格的表现，又是模糊语言的恰当运用。厂长虽然坚决地表示决心，但语气中肯，"我也憷头"，"我想试一试"。他没有正面阻止调动，而恰恰相反，"如果半年后咱厂还是那个奶奶样，我辞职，咱们一块走"，像是在立"军令状"，把话往绝里说，然而，谁也不会相信，这是一个来"试一试就走"的厂长。相反，人们正是从他那入情入理、心底坦荡的语言中感受到了力量，看到了希望。这个工厂像是一个得了狂躁症的病人吃了镇静剂那样恢复了平静，一心要干下去的人增强了信心，失去信心的人振作了精神。模糊语言在这里发挥了神奇的作用。后来这个厂果然在这位厂长带领下旧貌换了新颜。

1949 年，国共谈判时，毛泽东分别接见一些国民党政府代表，当刘斐和毛泽东谈起共同关心的问题时，表现出对于和谈的前景尚有怀疑，就试探着问毛泽东：

"您会打麻将吗？"

"晓得些，晓得些。"毛泽东回答道。

"您爱打清一色呢，还是喜欢打平和？"

"平和，只要平和就好了。"毛泽东听出了刘斐话中有话，笑着回答道。

在这里，我们听到了一连串的模糊语言，它一语双关，含不尽之意于言外。在某些特殊场合，不把话说绝，不仅会给自己留有余地，也表示对别人的尊重。我们在外交事务中，常常用"在适当的时候访问贵国"来回答国外的邀请，"适当的时候"，就是模糊语言，它既显得彬彬有礼、十分中肯，又给我们自己创造了一个宽松的环境。这就是我们通常所说的"弹性外交"的很好运用。试想若用"不打算去"或"马上就去"或"某月某日去"即非常确定的语言来回答，其效果都不理想，势必把自己逼向"绝境"。

在日常工作中，柔性管理和"弹性外交"有异曲同工之妙，作为一个管理者，要想用好柔性管理，首先要端正思维方式，冲破传统的、习惯的"非此即彼"的思维约束，寻求两个对立极端的中间状态，使其真正与现实问题相吻合。彻底抛弃"非对即错""非社即资""非黑即白"等长期困扰我们的违反辩证法的极端观念。

一位伟人曾针对这种"绝对分明的和固定不变的界限"指出："除了'非此即彼'，又在适当的地方承认'亦此亦彼'？"

那么，与其如此，我们不如趁早上路，在社交的广阔领域中，给话语、给自己创造一个真正广阔的天地。

八分的智慧：你一定要管好自己的口，要牢记一句话："不要把话说绝了"，说话留有余地，不仅仅是一种智慧，更是对他人的一种尊重。

第八章　职场打拼最忌锋芒毕露

　　职场不是走秀场，而是斗兽场。在斗兽场里，你需要隐忍，因为第一个冲出去的，总归会早死，只有最后出现的，才能活得最长。

初到公司留一手，小心观察

第一，了解公司的组织和方针。

当你初到一家公司服务时，首先，你必须了解公司内部的组织。例如，分有哪些部、哪些处或哪些科等，并应该知道每个单位所负责的工作及主管，除此之外，你还要了解公司的经营方针，以及公司的工作方法。一旦你对整个公司有了通盘认识后，对你日后的工作将有所助益。

第二，尽快学习业务知识。

你必须有丰富的知识，才能完成上司交代的工作。这些知识与学校所学的有所不同，学校中所学的是书本上的死知识，而工作所需要的是实践经验。

第三，在预定的时间内完成工作。

一项工作从开始到完成，必定有预定的时间，而你必须在预定的时间内将它完成，绝不可借故拖延，如果你能提前完成，那是再好不过的了。

第四，在工作时间内避免闲聊。

工作中的闲聊，不但会影响你个人的工作进度，同时也会影响其他同事的工作情绪，甚至妨碍工作场所的安宁，招来上司的责备。所以工作时绝对不要闲聊。

第五，执行任务时的要点。

1. 上司所指示的事务中，有些事件不需要立刻完成，这时，应该从重要的事情着手，但是，要先将应做的一一笔录下来，以免遗忘。

2. 若无法暂停正在进行的工作，以完成上司临时交给的事时，应该立即提出，以免误事。

3. 外出收款、取文件或购物时，要问清金额、物品数量等重要细节，然后再去。

4. 未充分了解上司所交待的事情前，一定要问清楚后再进行，绝不可自作主张。

5. 外出办事时，应负起责任，迅速完成，不可借机四处办私事。

6. 离开工作岗位时要收妥资料。

有时工作进行到一半，因为上司召唤，客人来访，或其他临时事故而暂时离开座位。在这种情况下，即使时间再短促，也必须将桌上的重要文件或资料等收拾妥当。

或许有人认为，反正时间很短，那么做很麻烦，而且显得小题大作，其实问题往往发生在你意想不到的时刻。遗失文件已经够头痛了，万一碰巧让该公司以外的人看见不该看见的机密事项，那才真正叫你"吃不了，兜着走"呢！遇到这种倒霉事，什么样的辩解都不顶用，一切只能归咎于自己的粗心大意。

八分的智慧：工作是为了更好地生活，给自己创造一个舒适的工作环境，这是地利。欲望需要控制，中国人不喜欢太张狂的后生。

即使每一件小事也要做到完美

在办公室里，有许多看上去是小事的行为，但实际上却影响着自己的工作和前途。小事是对自己综合素质的折射，也是个性区别于他人的特点。如果你想取得更大的成功，就不要忽略这些小事。

管理好你的办公桌。办公室里的办公桌实际上就是一面工作的镜子，通过它可以判断出一个人的工作态度和能力。一张整齐的桌子会使人的感觉很舒服，对工作的印象也会变好。办公桌上可以放一些必要的常用文件或备用物品等，并且要注意分类，如文件夹、电话、墨水、钢笔、纸张等都要放在固定的位置，以方便在工作中使用。

你的办公桌要整齐清洁，切忌把不必要的物品堆积在桌面上。不要把你的办公桌弄得比垃圾篓还要脏乱。即使你喜欢那种食物发酵的气味，也还是把这种习惯留在家里自己享用吧。当别人皱着眉头经过你办公桌之前，最好把办公桌收拾干净，你可随心所欲，但你必须要为其他同事的眼睛和鼻子着想。

不要总是公为私用，对办公室的公用之物，要节约、爱惜，不要把大家公用的物品占为己有，应养成良好的习惯，把所用的各种物品回归到原位，以方便他人使用。对于不经常使用的物品，特别是与工作不相关的物品，最好不要放在办公室里，以免被上司发现留下不好的印象。

下班或外出时，应注意把桌面清理干净，不能把文件等重要物品留在桌面上，即使是暂时离开，也不能将公司的重要文件放置在桌面上，以免机密被泄露或造成不必要的损失。

守时很重要。在上班时，最好养成提前10分钟到达办公室的习惯，如果特殊情况延误了上班时间，要想方设法打电话通知公司。如果遭遇突发事件，没有办法通知公司，到公司后一定要立即主动向上司说明原因，取得谅解。不能默不作声，没有任何交代。多次这样难免在上司和同事心目中产生一种不信任感，不敢把一些重要工作交给你。上班是人们生活中不可缺少的一部分，与做其他事情一样，上班前需要做一些准备，这样就会避免因为仓促上阵而丢三落四，准备好携带的个人名片、办公室钥匙、记事本、通讯录、手机等。在上班时，要提前出家门，预留出交通堵塞的时间，以保证准时到达公司。

如果你踩着铃声踏进办公室，手里抓着没来得及吃的早点，在众人注视下坐在办公室桌前，不管这一天你干得多有成效，你的功绩也会在他人心中大打折扣。

小心接电话。在当今发达的通讯时代，电话成为商界交往频繁使用的通讯工具，因此也成为工作中不可缺少的一部分。

在打电话时，要注意保持礼貌，因为公司里的电话交谈对象，绝大多数是公司生意中往来的客户，或是潜在的客户，所以在接听电话时，虽然不清楚对方是谁，但也要表现出应有的礼貌，给每位来电话的人或接听电话者留下美好的印象。

在打工作电话之前要列好所要交谈的内容，以免遗漏或重复。如果是对方打过来的电话，把正常的事情交代清楚后，就可礼貌地挂机，不要长时间地闲聊，这样既浪费时间，也影响双方的形象。

在打或接听电话时，说话的声音要清晰、明亮、语速适中。不要过于大声，或说话的速度过快，或吐字不清、发音不准等，否则容易使对方造成误听、理解偏差。

在日常工作中，经常会有电话打进来，这时就要立即去接，并随口报出自己公司的名称，把纸笔放在手边，做好记录的准备。

当对方报出自己的姓名或公司后，一定要寒暄一两句，表示自己的热情和礼貌，然后要快速地进入正题，不可无休止地闲扯。有时会遇到一些客户不主动报出身份，这时就要有礼貌地询问对方，当确认对方的身份后，可表示歉意没能听出对方的声音。在谈话结束后，记住一定要说再见或感谢的话语，切记不可突然就把电话挂断。

很多时候会遇到正在接听一个电话时，另一个电话又不合时宜地打进来，而且是必须接听的紧急电话，在这种情况下，应向对方表示歉意，并说明情况，稍后再打过去。切记，必须是得到对方的同意后，才可挂断去接听另一个电话，否则，会使对方感到受冷落，严重的话可能因此而失去一个重要的客户。

当接到找其他同事的电话时，要礼貌地表示请对方稍等，语气温和委婉，并即刻转给当事人。如果同事不在办公室里，就要实事求是地告诉对方，同事外出公干或出差、有事请假等。如果对方要求留口信，应将内容认真、清楚、正确地记录下来，并且要附上对方的公司名称、本人的姓名以及打电话的时间等，记录尽量详细，并转交给同事。

在电话交谈中要注意不要把事情或时间、地点、人物等事项听错。尤其是当遇到容易混淆发音的字词时，更是容易造成双方的误解。因此，为了避免这类事情的发生，在接听电话时，应将这一重点重复一遍确定无误。如果遇到对方口齿不太清楚，或是说话声音微弱，应礼貌地要求对方再重复一遍，避免出现差错。

电话交谈的弊端就是看不到对方的表情，这就不可避免地会出现一些意想不到的错误，例如，不知道对方正在开会，或有客人在等，而无休止地长谈，或把对方误认为是要找的对象而泄露了公司的机密等。因此，在与对方通电话时，应先确认对方的身份，而后了解对方目前的状况，是否适合接长时间交谈的电话，如有不便，可改时间再联系，然后要开门见山地把要交谈的事情告诉对方，使对方明白交谈的内容，可以顺利地进入正题。

由于电话只能凭声音与对方沟通，因此在交谈中所使用的词语应小心谨慎，注意一些细节。不可仅凭声音来判断对方的年龄或职务，有时声音年轻的有可能是对方公司的董事长。不可在等待接听的间隙随便说话，要时刻记住对方正在话筒的另一头聆听。有一些人认为电话那头看不到自己的面部表情，而在态度上有所怠慢，却不知说话的语调会随着态度而改变，要把在电话中交谈看作是面对面的交谈，要在态度上诚恳热情，让对方感觉到你的热情。在与对方交谈时，无论你是多么认真地倾听对方的谈话，如果一直默不作声，或没有丝毫的反应，也会使对方感到困惑，因而，在聆听对方谈话时，要不时地附和，使对方明白你在认真聆听。

在走廊上遇到上司或来访的客人时，如果是相对而行，应让到一侧行走。如果是同方向而行，当对方走在前面时，不可从后面超越过去，要想超越时，要先打招呼，再行超越。如果是与长辈或女性相遇，要马上站住让路。行走时如果有女士同行，必须迁就女性的步伐，让女士走在前面，男士走在后面。上楼时男士走在前面，下楼时女士走在前面。

带领来访的客人时，要注意待客礼仪，二人并行，以右为上，所以应请客人走在自己的右侧，为了指引道路，在拐弯时，应前行一步，并伸手指引；三人同行，中间为上，右侧次之，左侧为下，随行人员应走在左边。如果是接待众多的客人，应走在客人的前面，并保持在客人右前二三步的距离，一面交谈一面配合客人的脚步，避免独自在前，臀部朝着客人。引导客人时应不时地根据路线的变化，招呼客人注意行走的方向。在引导客人的路上避免中途停下与他人交谈，除非有必要。

　　此外，开门和关门也是一门学问。

　　当需要进入别人的办公室或会议室时，要轻声敲门，得到允许后，轻轻推开门，门柄在右则用右手去开，门柄在左侧用左手去开，不可扭着身子开门，进门后要注意不可反手关门，正确的关门方法应是面向门轻轻地关上，不可猛烈关门，使门发出声响。

　　陪同客人去办公室或会议室时，应打开门先让客人进去，如果门是向外开的，应把门向自己的方向拉开，请客人先走，如果门是向里开的，就把门推开，自己先进，并扶住拉手，不让门动，再请客人进去。如果是大厅的旋转门，应该自己先进去。

　　八分的智慧：谦恭不是无能。一个聪明的人善于在适当的时候把自己展露给别人，而不是为了体现礼貌而礼貌。尊重别人就是尊重自己。

随时小心注意自己所处位置

工作中不可避免地要与上司或客人一起搭车或赴宴。不论是乘车还是赴宴，自己坐什么地方都要很注意。

如果是二人并坐，以右为上，所以应引导客人坐在右侧座位，自己坐在左侧。三人并坐，中间为上，右侧次之，左侧为下。如果客人众多，离门口最远正对着门的座位为上席。当与上司或客人一起乘车时，如果乘坐的是前后两排四个座位的轿车，一般司机侧后靠门的座位是上座，是主宾的位置。司机正后面的次之，是主要陪同人员的座位。司机旁边的位置是最低级的座位，一般是由秘书来坐。上车时，应请上司或客人从右侧门上车。陪同者要从左侧门上车，避免从客人座前穿过。车门应由低位者关上。下车时由最低位者先下车，拉开车门等候其他人下车。

与女性一起乘车时，不论她的职务高低，一律先让女性上车，男性坐在她的左边。如果是由主人亲自驾车，客人要坐在司机旁边的位置，以表示对主人的尊重。上下车的正确姿势是侧着身体向前移动，下车时靠近车门后，再从容下车。另外，在休息时也要注意一些细节。

不要随便把脚放在桌子上，以避免被到访的客人看到，既不雅观，又影响公司的声誉。在休息时，如果有事情与他人商讨，可选择适当的场合，小声地交谈，不要高谈阔论、大声喧哗，影响他人休息。如果没有特殊情况，休息时不要到离公司较远的地方去吃饭或办事，以免时间仓促，影响下午的工作。

下班铃声响起的时候，意味着一天工作的结束。这时虽然每个人都归心似箭，但还需要静下心来，把这一天的工作简单做个总结、整理，准备一下第二天的工作资料。

下班前，首先整理备忘录，认真详细地记录整理一天来的工作情况，例如业务谈判的结果、工作完成的情况，还有哪些需要明天继续接着做的工作以及需要解决的问题等。

　　离开前注意一下自己的电脑、资料等是否放好，该带的是否都带了，不要马马虎虎、丢三落四。

　　八分的智慧：一定要注意自己的位置。居高位而不襟，处低位而不卑，能够注意自己位置的人肯定不会越位而行。

每一项文字工作都不要马虎

在工作中，总是难免要使用一些办公工具和办公方法，对此，你要十分重视，因为这是你工作能力的一种体现，必须做好。

第一，写好报告。

报告是向上司汇报工作、反映情况、提出建议、答复上司询问或要求的陈述性公文。报告属于上行公文，其应用范围广泛。可以向上司反映某项工作的完成情况，也可以用来反映在实际工作中所遇到的问题，为上司有针对性地制定决策提供依据。

一般办公室中使用的报告可按内容划分为工作报告、情况报告、建议报告等。

报告的结构一般由首部、正文和落款三部分组成。

首部包括标题和主送人。

报告的标题通常由事由和文种组成，例如《关于×××××报告》。标题下面顶格写上受文的名称。

正文是报告的主体部分，一定要认真地书写。正文一般包括三部分：第一部分是引子，可以开门见山、简明扼要地说明写此报告的原因，所要达到的目的以及产生的意义，并在其后用转折语"现将××情况报告如下："转入下一部分内容。第二部分是报告的核心部分，在不同类型的报告中，这部分的内容可以有所不同，有所侧重。例如，工作报告在总结情况的基础上，其重点可以是提出以后工作的安排意见；情况报告的重点应放在情况的介绍上，可以通过概括的陈述及恰当的分析，揭示出工作中存在的主要问题，可以提出意见或建议等。在这部分可用序号、小标题区分层次，使整篇报告显得层次清晰，逻辑性强。第三部分是结束语，一般都有固定的程式化的用语，应另起一段来写。

报告的落款包括署名和时间。

写报告一定要注意在报告中不可夹带有请示的事项，不得有请示的字眼，如在结尾不得误用"以上报告妥否，请上司批示"等语句。报告的内容要具有真实性，不可夸大其词，言不由衷，更不能只报喜不报忧。报告要中心明确，语言简洁，简明扼要，不可拖泥带水，啰啰唆唆找不到正题。

第二，做好发言提纲。

在工作中经常会遇到开会需要发言，或其他场合需要讲话，为了全面地表达自己的意图，不至于跑题、漏题或反复讲话，有一个完备的发言提纲，达到集中地有条理地把要讲的话讲完整讲好的目的。在写发言提纲时，可以把所要讲的内容按性质分类，分层次、分段进行阐述，安排好前后顺序，把所要表述的要点或核心内容以纲要的形式写出就形成了发言提纲。

发言提纲分简单的和复杂的两种，简单的发言提纲主要是提示在发言时所要掌握的要点，不涉及展开的问题。复杂的发言提纲主要是在简单提纲的基础上进一步展开，对重点的内容或条款进行详细说明并列出。

自己的发言提纲要认真准备，要简繁得当，太简单的发言提纲容易在讲话过程中遗漏掉重要的内容，会影响到发言的完整及应取得的效果。发言提纲过繁，就如同发言，会限制在讲话时的临场发挥。在写发言提纲时，不能忘记发言的目的，要把自己的建议、见解或意见等明白无误地表达出来，要把重点写出来，语言上，尽量简单明了，符合自己思维习惯。

第三，重视建议书的作用。

一份优秀的建议书，既能够引起上司的注意，又可以实现自己的设想，会给自己带来不可言喻的成就实现感。

要培养随时思考的习惯、处处留心、仔细观察，根据自己了解的情况，收集的资料，通过认真地思考和周密地分析研究，把自己的构想转化成具体的有理有据的建议书，如果能够获得公司的肯定，而又被付诸实施，对自己的工作大有益处。

在准备写建议书时，要先确定主题。也就是说，你的建议要达到什么目的，可行性怎样，采取怎样的措施来实现，成功的可能性有多大，投资是多少等，都要在你的建议中详细地列举清楚，还要把收集到的重要情报，也一并罗列出来。建议书要求具有丰富的内容、具体的实例、创新的构想、简明扼要、明白易懂和有说服力等特点。要随时检查文中是否存在有难以做到，或不可能实现的问题或疑点，避免假、空的情况出现。

好的建议书应具有六项要素：目的、条件、情报、知识、经验、调查。

目的是决定建议发展的方向，没有目的的建议书将与废纸等同，因而在做任何建议时，都要有明确的目的。

条件是建议实现的不可缺少的重要的基础。一个新的建议如果没有资金、人力和时间等条件来保证，是很难实现的。

情报是建议构想的来源。建议中有价值的新点子不会凭空而来，只有通过收集、分析研究大量的情报，才能从中得到启迪，是我们创造力和灵感的来源。

知识是好建议的血和肉。好的构想只是一副骨头架，没有大量的相关知识加以填充，就成了一具骷髅。好的构想，需要大量的、新的、多方面的知识来补充，才会形成一份好的建议书。

经验是制作建议书的坚强后盾。从工作中得到的经验，在制作建议书的过程中，能够充分地反映出来。

调查对建议是否可行起着不可低估的作用。一份好的建议书，在提交上司之前，最好能够先征求他人的意见，使建议得到进一步的完善。

第四，学会做计划。

在工作中，我们经常会遇到在一定的时间内，要求完成某项工作，为了又快又好地完成任务，就需要在事先做出恰当的安排，主要包括对工作数量和质量的要求，对完成任务时间的限定，所需要采取何种措施等，把这些具体的要求和时间安排形成文字就叫计划。

计划有许多种类，计划的写作方式也有多种，一般常用的有条文式、表格式、条文加表格式、文件式四种。这里不赘述。

第五，总结该怎么做。

总结是人们对自己在某一时期或对某一项工作全部完成或告一段落后，用正确的观点和方法，进行全面的、系统的阐述、分析、评判，从而肯定成绩、总结经验、发现问题、吸取教训。总结和计划一样，使用的范围很广，只要是有工作的地方，就有它的存在。

总结具有自身的实践性、过程的展示性、表述的证明性和应用的普遍性等特点。由于总结的各种不同，每份总结的目的和内容不同，在写作方法上也将有所不同，但大致结构都基本相同，一般包括标题、正文、落款三部分。

总结的标题一般有两种，工作中一般用公文式的，也称为单标题，由名称、时间、事由和文种构成。

总结的开头，需要简明扼要地阐述清楚取得的经验、吸取的教训和整个事件的过程。总结的说明方法可根据总结的目的和类型来决定，以便能够取得开头的准确性、鲜明性和生动性的效果。

正文是总结的主体部分。总结写得是否成功，关键在这一部分，因此，要下功夫写好。这一部分主要是从总结对象的实际出发，分析研究问题，总结出经验和教训。

因为总结的类型不同，所表述的侧重点不同，对内容的阐述详略和前后的安排顺序也不一样。在实际工作中可根据总结的目的和类型不同，采用按基本内容、进程阶段、思想观点等分层次、分段阐述。为了叙述方便，可以使用小标题、序号等。

在写总结时需要注意，总结的目的要明确，要遵守实事求是的原则，千万不要为了应付差事，就弄虚作假、胡编乱造一些事实。对总结中所持的观点要与提供的材料相统一，不可相互脱节。写作的语言要精练，避免冗长空洞、前后矛盾。

八分的智慧：文字工作其实是非常重要的。但正因为重要，所以要注意言简意赅，不能太长，太长显得啰嗦，概括和总结能力不强，所谓过犹不及，狗尾续貂。

努力扮演好自己的辅助角色

上司有很多种，他们既有特定的思维方式和行为特征，又有特定的权利和义务。你如果想在公司谋求发展，就必须了解他们的想法和做法，了解他们的一言一行。

上司也是人，这是没有任何可以值得怀疑的。他们和我们一样都是有血有肉、有情有义的人，只是他们比一般的人多了一些物质罢了。上司是有能力、有智慧、有魄力的人。他与一般雇员之间存在着明显的距离，这些距离主要表现在各自所处的位置不同，思维方式不同，做事的方法和考虑问题的角度不同。因为上司在公司中扮演着举足轻重的角色，他承担着更多的责任，处理着各方面的问题等，这一点我们应该认识到。

每个人面对的上司，是各式各样的。

有的上司最喜欢别人给他戴高帽子，喜欢别人阿谀奉承，听了赞美之词就会眉开眼笑。如果有人精于此道，就会青云直上。只要你是善意的，不是虚伪的或违心的赞美，在说话时不矫揉造作，一切都非常自然，上司就会很高兴与你相处。

有些上司生性脾气不好，易发火。有的上司经常在别人不明原因的情况下，就大发雷霆，弄得下属不知如何应付。

当他对你大发脾气的时候，你最好克制自己，先不要着急，更不要试图解释，要经过冷静的思考后告诉他会注意的，会按他的要求去做。当你离开办公室的时候，上司可能已经息怒了。

有些上司以家长自居，把部下看成是自己的家人，有时会因为一些鸡毛蒜皮的小事而发火、生气，你可以像家人对待家长的态度那样，小事不与其计较；大到原则性的大事，不可脾气暴躁，更不能耍小孩子脾气，一定要态度诚恳地与他协商。

人的时间有三分之一是在公司度过的，在这工作时间里，能够保持轻松愉快的心情，对你 8 小时以外的私人生活是有益处的。如果你与上司关系恶劣，憎恶和怨恨的心情会常常折磨你，这样一定会影响你的整个生活，这也是个高手不应有的行为。

因此，要求你对上司要多一分理解，多一点尊重，逐渐消除他对你的戒备，进而让他信任你、提拔你。

要想得到上司的赏识，成为上司的知心人，就需要平时多与上司交往。接触上司需要足够的勇气，需要举止自然。接触上司的机会、渠道有许多，需要积极去创造。要达到与上司心往一处想，劲往一处使的境界，作为下属就必须经常出现在上司的周围，加强与上司的沟通，增进相互之间的了解。

有些人心理素质较差，在上司面前胆怯畏惧，缩手缩脚，言谈举止极不自然，经常是由于过分紧张而弄巧成拙，这样会给上司留下不好的印象。在与上司接触或沟通时，要有足够的勇气，抱着上司是人不是神，有什么可怕的轻松自然的心理，使自己敢于与上司平等相处、平等交流工作意见。

与上司接触多了，上司对你的能力和作为有所了解，经常会交办一些事情，面对这难得的机会，你一定要尽心尽力，圆满地完成，为自己的发展前程铺好每一块砖。

在与上司共事时，不可避免地会产生这样或那样的矛盾。有矛盾并不可怕，只要正视它，运用自己的智慧和技巧来化解，就能够消除上下级之间的误解和隔阂。如果掉以轻心处理不当，误解便会加深转化为成见，隔阂演变成鸿沟，这对你是十分不利的。

由于上司与下属之间缺乏足够的交流，不十分了解彼此之间的情况，因而在判断一些事情时加入了太多的主观色彩和个人的心理因素，导致双方相互的不客观认识的推测，诱发误解或形成隔阂。由于上司的事务繁忙，责任重大，处于中枢性的岗位，他不会主动找下属去沟通，他可能通过各种渠道来对下属进行了解。这样就容易出现缺乏对下属的全面、直接和感性的认识。容易受他人意见的影响，凭个人直觉和主观判断，对下属的言行产生误解。

这时的你就要及时主动地消除它，不让它在上司的脑海中形成定势，消极回避和等待都将对自己不利。只会让矛盾越积越深，要采取主动沟通，积极接触的措施，找准机会，走上前去，向上司表明你的真实意图，使上司对你重新有一个全面了解。必要的时候，下属可以针对上司对自己的误解开诚布公地坦白来谈，这样可以直截了当地把问题敞开，容易解开误解的结。这时，作为下属的你一定要态度真诚，对自己存在的缺点特别是对上司已经指出或有所察觉的缺点要勇敢地承认，并要表示改正的决心。

永远不要忘记你上司的时间比你的更宝贵。当他交给你一项特殊任务时，请记住不管你正在忙什么，上司交代的活都是更重要的。如果上司出现在你的面前，你正在打电话，及时挂掉。让上司等候是一种缺乏尊重的表现。如果你正在与客户谈一笔重要的生意，用目光交流、用嘴形告诉他你正与客户谈生意或快速写张纸条说明一下，要对上司的出现作出反应。

凡事都向上司请示，不负责任或害怕负责任的人，通常都缺乏创造性，所以他们对于企业的发展没有什么好处，更不可能为上司分担工作，甚至去做一些富有建设性或创造性的事情。

当上司要你接手一份额外的工作时，请把它视作一种赞赏。这可能仅仅是一个小小的考验。看看你是否能承担更多的责任。

千万不要对你的上司说"不"，或"我没时间"。那听起来就像你不愿服从他，你应该使用"请您放心，我会想办法完成这项工作的"语言来回答。

从一般情况看，爱跳槽的人，对企业自身的相对稳定和管理工作，总是带来这样或那样的麻烦，自然不受上司们的欢迎。

没有人喜欢满腹牢骚的人，人们更愿意同乐观开朗、生活态度积极的人交往。在你最沮丧的日子里，也要尽力向上司和同事显示出你最快乐的一面。

在任何情况下都能保持从容冷静的人，往往会赢得荣誉。上司和客户都非常欣赏那些在困难或紧急情况下能出色完成工作的人。如果你始终保持从容冷静，那么一旦发生问题，你也能很快地找到解决办法，而且能在上司和同事面前显示出精力旺盛，工作起来有条不紊成为一名训练有素的职业能手。

一旦你成为决策者，做决定时要快速而坚决，不要优柔寡断或过于依赖他人意见，小心谨慎地权衡。及时迅速地做出决定是成功决策者的必要条件。

一旦工作出现失误，要快速对情况做出评估，制定出控制损失的可行性计划，然后直接找上司告知问题所在以及你准备采取的解决办法。决不要没有设计好自己的建议，就带着"我应该怎么做"的问题去找上司。

当然最重要的一点还是要有实力。如果自己什么都干不了或是干不好，其他做得再好，上司也不会把重要工作交给你。努力充实自己吧！

八分的智慧：对上司最重要的一点就在于，表现好自己的实力之外，要努力扮演好自己的辅助角色。否则，功高震主，绝对不是好兆头。

第八章

职场打拼最忌锋芒毕露

与人只说三分话，不可全抛一片心

如果我们每天工作 8 小时，那么我们每天有三分之一的时间与自己的同事待在一起。同事关系本质上是这样一种关系：和一群你不能选择的人，做一件你可以选择的事情。

你可以选择做什么事、在哪里做事，但你多半无法选择和谁一起做。如果你有权选择，你就是老板，你和你的下属就很难说是纯粹的同事关系。同事关系的本质是在平等的基础上合作。因此，同事关系先天存在无奈的成分。

与同事相处的第一步便是平等。不管你是资深一等的老成员，还是新近就职的新员工，都需要丢掉不平等的关系，无论是心存自大或心存自卑都是同事间相处的大忌。和谐的同事关系对你的工作有很大的好处，同事是工作中的伙伴，也可以成为生活中的朋友。但面对共同的工作，尤其是遇到晋升、加薪等问题时，同事间的关系就会变得尤为脆弱。此时，你应该抛开杂念，专心致志投入到工作中去，不耍手段、不玩伎俩，但决不放弃与同事公平竞争的机会。

同事之间在一起工作时间长了，必然会产生一些摩擦、争执和各种矛盾。作为一名有智商的办公室职员，应该懂得如何避免这种矛盾，学会怎样使竞争变得对自己有利，这就需要大家以诚相待。

当同事们趁着上司不在，聚在一起谈天论地的时候，你不要熟视无睹，应该暂时放下自己手中的工作，凑过去跟他们聊几句无关紧要的话题，或者讲一个无伤大雅的笑话，这样会让同事感到你很合群，对你以后和大家相处融洽很有帮助。当你和同事闲聊时，不可避免地涉及到某某人或某些事，你需要记住千万不要把同事告诉你的任何话题转告上司，因为没有不透风的墙，一旦大家知道了，肯定会遭到同事们的一致反对，并且会孤立你。

在与两人合作完成一项工作时，你首先要摆出真诚的姿态和他合作，而不是挑战的姿态。凡事你要主动和他商量、研究，处处事事都要以客观的态度去对待。只要双方配合默契，就能够获得满意的效果。但如果双方都心存芥蒂，就什么事也不可能做好。

工作中常有同事前来要求帮助的事情，当遇到这种情况时，如果不予理睬，不给予帮助，势必会得罪同事，有可能他也是在万不得已的情况下才向你伸出求援的手。如果放下手中的工作，帮助同事，就会影响自己的工作进程，或正在这时，上司又给你派下新的工作，你面对多份工作，无可奈何，束手无策。所以，你不妨在仔细听完他的请求后，再说明自己目前面对的情况不能帮助他，并向他表示自己的歉意，希望得到他的谅解。

如果同事要求你协助完成的是一件非常重要的事情，而且是刻不容缓的事，你就应该向上司说明情况，听从上司的安排，不要为了逞一时之强，而耽误公司的工作，也使自己失去威信。

当你的同事在工作中遇到难题，你应该诚心诚意地帮助他，使他摆脱暂时的困境。而不要冷眼相看，更不能落井下石。如果有一次他无意中冒犯了你，又忘了向你道歉，这时你不要跟他计较，大度一些，真心实意地原谅他，他日后会感激你的。你这样做可能会有人不理解，其实也不难理解，你每天有三分之一的时间是与同事一起度过的，大家在一起工作学习，互相帮助，互相尊重，从工作中获得快乐不是很好吗？

平时要多参与同事间的活动，体贴关心别人，不要自持高雅成为孤家寡人，跟每一位同事都保持友好的关系，尽可能与不同的同事打交道。要根据同事们的情况，有针对性地进行接触，对同事的优点、长处，要不失时机地加以赞赏，对同事的着装、打扮要适度地加以赞美，你就会成为他们的好伙伴。平时做事要讲究分寸，以真诚待人，处事手腕要灵活、有原则。切忌万事亲历，毫无主见。

上班族同事之间相处的时间远比家人相处的有效时间长，如果你的爱好、性格、修养与同事格格不入，总是处在孤立的地位，每天去上班一定是件非常痛苦的事情。公司的制度再完善，也需要同事之间的默契配合。和睦的工作环境，同事间关系融洽，上下一心，共同完成任务，这是每个职员都梦寐以求的。为了实现这一目标，就必须努力改善自己的不足之处，与同事搞好关系。

在与同事的融洽相处中享受快乐吧，试着找几个知心朋友。你一定不要孤芳自赏，使自己不合群。在同事当中，有了几个知心朋友，这样至少遇到事情可以互相商量研究。

八分的智慧：同事是一个说不尽的话题。有关这个话题，最动人的说法是：与一个伴侣幸福地生活可多活上一年，与一群同事愉快地相处可以多活十年。但是，与人相处最好记住这条古训：与人只说三分话，不可全抛一片心。

升迁的机会是自己创造的

想获得升迁最有效的方法，便是让自己无可取代。而想要让自己无可取代，可再也不能光靠吃苦耐劳，把睡袋放在公司里。你必须花更多脑筋，而不是花更多时间。

你可以利用以下策略在职场上提升自己的职位和待遇：

第一，目前的工作领域里，你有没有能力胜任更高一层的工作？虽然，有时候你难免会遇到挫折，但还是要把握每一个机会，让别人知道，你有意愿和能力做更多贡献。

第二，当问题发生，你是否有能力解决（而不需把问题交给同事或上司）？如果你能降低上司的工作量，他会很感激你的。

第三，你有没有寻找及把握升迁机会？套句朋友常讲的话：机会很少主动上门。

第四，你愿不愿意做别人不愿做的事，并在过程中汲取新技能？技能是职场的关键。你能胜任的工作越多，你的身价也就越高。不过，还是一句话：你必须为自己创造机会。

第五，你能不能为公司创造赚钱新渠道？超级业务员往往比他们的上司赚更多钱，创造新产品、为现有产品注入新生命和开发新客户等，都能为你在职场里带来更多的钱和影响力。

有人在升迁的过程中超越你，并不意味你将永远原地踏步；这显示你必须让自己和他们一样受到重视和重用。

八分的智慧：升迁机会是自己创造的，不是别人舍与的。但是要记住：当个少说话、多表现的"隐形人"，就能在职场中更上一层楼。

该全力以赴决不拖延塞责

坏习惯一：衣着不得体。衣衫不整、头发凌乱地出入办公室，或是打扮怪异地上班，都会令人看着不舒服。改善方法：办公室着装关键在于整洁大方，过分新潮、怪异的装束下班后再展示不迟。

坏习惯二：惯性迟到。你是否经常上班或开会迟到，而且经常不能按进度完成工作？迟到的坏习惯极容易引起上司和工作伙伴的不满，会被认为自由散漫、吊儿郎当，没有工作责任心。改善方法：较为宽松地估计路途所需的时间，预留 10 分钟作缓冲。若讨厌"等待"的话，随身携带一些文件或书籍，以免浪费时间。记住：上班早去几分钟，会给上司留下好印象。

坏习惯三：过分保护自己。上司向你提出建设性的批评，你却搬出一大堆理由辩驳，将责任推到别人身上。这说明你胸襟不够宽广，不乐于接受别人的批评，处处设防。这会妨碍你与上司的沟通，甚至引起冲突。改善方法：尝试为自己的行为负责，别推卸责任。

坏习惯四：孩子气。总像孩子般依赖别人，缺乏独立工作能力。当上司征询意见时，你不能提供肯定的立场和见解，或是支支吾吾，或干脆不理不睬。这种不成熟的表现，难以让别人对你放心地委以重任。改善方法：培养独立思考的习惯，宁愿犯错也要大胆表达自己的见解。

坏习惯五：注意力不集中。许多工作同时展开，以至件件都乱了套。这是缺乏判断问题轻重的能力，会影响工作的质量。改善方法：处理工作要注意轻重缓急，每天先处理最紧要的工作，然后才处理其他事务。最重要的是集中精神，别老是心神恍惚。

坏习惯六：错别字。你已不再是求学阶段，但在写备忘录、留言、商业信函或履历表时，若仍然常有错别字出现，就会令人觉得你粗心大意。改善方法：没有校对清楚是蹩脚的借口，下次编制文件记住要细心阅读多遍，如果没把握，请同事帮忙看一次。

坏习惯七：失忆症。问起你一些人名、电话或工作期限时，你总是哑口无言，然后猛翻记录，这会降低别人对你的信任程度，上司会怀疑你对工作无兴趣、做事无条理。改善方法：细心聆听别人的自我介绍，常用的电话号码标在醒目处，加深印象。尝试写工作日程表，以便提醒自己每天应做的事情。

坏习惯八：做事拖拉。虽然你有能力完成手头的工作，但进度迟缓会令人对你的工作能力产生怀疑。改善方法：将一件艰巨的工作化整为零，订出完成每一小部分的时限，勿让完美主义拖自己的后腿。

八分的智慧：上述习惯最重要的共同点就是分不清轻重缓急，搞不清因果主次。记住，为人做事就在于一个度，该全力以赴决不拖延塞责，可以偷懒时，未尝不能偷得浮生半日闲。即使玩，也得玩得别人没话说。

第八章 职场打拼最忌锋芒毕露

用点心去权衡自己的进退原则

"宁叫收入减少，也要转投他行"，这样的建议的确不讨人喜欢，但在职场中发展犹如爬树一样，当发现自己所攀缘的枝干已经腐朽时，唯一可做的事就是退下来，换一个方向继续爬。

第一，行业转换不可避免。

世界经济正在飞速发展，新的商业模式及新的职位不断出现，谁也无法保证十年之后自己不换工作。在这种情况下，一个人需要不断掌握新的工作技能以适应新的工作机会，这其中当然要付出相应的代价，问题的关键是这一代价是多少以及是否值得。

第二，退一进二。

让一个人放弃他(她)所熟悉甚至已有成就的领域而转投他行确实不易，不但要从头学起，从头干起，而且还要承担经济上的损失和精神上的压力，但如果将这些都看作是投资的话，整个事情就变得相对简单：你并不是在换工作，而是在对一新领域进行投资。

在转换行业时，正如上文所述，就像另选树干，还有一个退下来的过程，在这一过程中，收入的减少和职位的降低很难避免，但只要再选的方向正确，这一现象只是暂时的，超越旧有职位与薪水只是时间问题，所谓退一进二，即是此意。

在旧有树干上爬得越高的人，退下来转爬新树干的难度也就越大，一个人不管在旧树干上爬得多高或多低，只要他认为转换方向是必然则千万不能犹豫，等待、观望的时间越长，他所付出的代价也就越大。相反，越是及时做出反应，其相应代价的可控制程度也就越高。

第三，不要为找工作而找工作。

人们在求职时首先想的往往是找一份好工作，其实，找一个好的公司更为重要，好的公司往往会产生出真正好的工作，能够为优秀人才提供更大的发展空间。

所以，在转换门庭之际，除了对新公司的产品和服务类型及发展趋势进行考察外，还要尽量去那些拥有一流人才，管理一流，社会形象好的企业中寻找工作机会。

第四，识别你的主要技能。

了解你善于做哪些方面的工作，是使工作成功的基础，对你其他方面也是重要的。例如，除非你喜欢使用这些技术并做得很好，否则你是不会对你的工作十分满意的。

八分的智慧： 对于频繁跳槽的员工，换作你是老板，你肯定也不高兴。所以，你在职场进退时就要首先考虑你自己是想成为一个什么样的人，自己目前缺什么，只有这样，才能有目的、有秩序、有选择地跳槽，这样你才能把握好跳槽的度，否则，你不仅在本行业名声扫地，即使自己创业，因为到处是你的敌人，也难以成功。

第八章

职场打拼最忌锋芒毕露

第九章　结交朋友可以多不能滥

　　人们常说："在家靠父母，出外靠朋友。"但是良友益友可以给你带来很多帮助，恶友佞友却会给你带来许多麻烦，甚至引你走上邪路。古人云："人生得一知己足矣。"一句话：多而不应滥。

结交朋友要以宁缺毋滥为原则

朋友大致可以分为三类：一类是工作朋友，即由于工作原因而结识的朋友，如同事、客户等等；另一类是生活朋友，即是以前在学校或生活中结识的朋友；第三类就是一般性的"点头"朋友。前两类朋友都应有个限度，如果滥了，就会全部变成第三类朋友，滥交朋友必导致无真正的朋友。

我们交朋友的目的一是让生活充实、丰富，能在工作之余有人一起娱乐、一起聊天；二是有利工作，希望在工作上能得到朋友的帮助。很显然，朋友太多就不可能有太多时间去了解、交流，也就不可能建立真正的友谊，朋友之间没一定的感情基础，那么就很难谈得上互相帮忙。未必生意场上认识的人多就好办事，没有一定的交往基础，别人是肯定不会帮你的，除非你自己有权有势，别人帮你是想得到回报。所以能结识一些相互欣赏、有情有义的工作朋友才最好。

滥交朋友的人会给人一种生活缺乏原则的感觉。如果你以认识的朋友多为荣，那你肯定会主动去拉拢各种各样的人，只要有机会，你就会热情主动地结识。其实人际交往最忌讳大献殷勤，不卑不亢是交际的首要原则，因为自尊是交往中首要的吸引力，如果抛弃自尊去讨好别人，肯定得不到别人的尊重，而且一般以交友多为荣的人都希望结识更多的有钱有势的风云人物，而这些人最看不起故意讨好的人，因为他们见得最多的就是这种人。所以喜欢滥交朋友的人往往会失去自我，让人瞧不起。

喜欢滥交朋友的人往往缺少真正的朋友。和朋友建立深厚的友谊需要各种努力，首先是要花一定的时间，即使你们青梅竹马，几年不联系也可能形同陌路。因为社会在变，人也在变，不经常交流肯定会产生隔阂。而喜欢滥交朋友的人是肯定没有时间专门给一些朋友的，他们也认识不到友谊需要细心栽培，他们把朋友当作稻穗一样，以为认识了就像把稻穗捡回家里一样，以后想用就可以随时用。建立友谊需要不断地付出，朋友间的友谊就像爱情一样是个空盒子，首先你得倾注关心、帮助、理解，然后你才能得到关心、帮助、理解。滥交朋友的人是不可能不断地付出的，他没这么多时间和精力，所以他的朋友都只是一些点头朋友。而且，万一不幸交了个坏蛋无赖朋友，那就有你烦的了，骗你点钱，占你点便宜。弄不好交个要钱不要命的家伙，那就更危险了。

所以，我们交朋友要宜精不宜多，要悉心结交一些志同道合的工作朋友和生活朋友，而且要有一定的感情基础，工作上能鼎力相助，而不是建立在纯利益基础之上的关系。一些生活中的朋友要多加联系，因为这些朋友都是些有着共同经历、经过时间考验的知心朋友，要留一定的时间和精力不断加深友谊。这部分朋友是最可靠的，因为你们之间没有利益冲突，是一份最纯的友谊，任何时候，他们都能给你帮助。

八分的智慧：交友时要有一定戒心，有一定的识别能力。和一个人交往时要判断对方和你交往的动机是什么，是看重你的人还是其他，如果纯粹看重你的钱和势或其他利益，那么就不必深交，如果能形成互利互惠，当然也不妨交往一下。

对各种朋友的类型一定要清楚

朋友之间的影响，是由于朋友关系的特征所决定的。第一，朋友一般年龄相仿，有些人喜欢在同龄人中间交朋友，因为不同的年龄，有着不同的兴趣和爱好，有着不同的语言，有着不同的喜怒哀乐。青年朋友之间，由于年龄相仿，心理上、行为上、语言上的相同点就多，彼此容易理解，容易效仿，容易采纳意见。所以，彼此间影响就大；第二，朋友一般是合得来的，"同心之言，其臭如兰"。既是朋友，亦是知己，起码也把对方视为知己或对方把自己视为知己，彼此情深意笃，互相信赖，相互信任。这样，朋友的言行容易被接受，容易自觉不自觉地跟着学；第三，朋友一般接触的时间比较多，"近火烤人"。既是朋友，就会经常接触，通过频繁的接触，彼此耳濡目染、潜移默化地受着影响；第四，朋友是自己选择的，"气习相染，师不如友"。人们与父母、兄弟姐妹、师长等人，是一种不能选择的天然关系，这种天然关系当然有着其他人际关系所不能替代的亲密之情。然而，这种天然关系就有一定的局限性。朋友关系则不然，朋友是自己选择的，也正因为朋友是自己选择的，才有特定的寄托。谁都有这样的感受：有些担忧和顾虑，有些忧愁和烦恼，有些成功和喜悦，有些希望和要求，不能或不愿对父母、兄弟姐妹、师长等人说，却能够和愿意向朋友倾诉，以期从朋友那里得到帮助，有些事情也确实只有通过友谊的桥梁才能办好。同明相见，同音相闻，同声相应，同气相求嘛！在有些问题上，朋友间的影响，是其他人际关系所望尘莫及的。日常生活中，就有许多棘手的思想问题，需要"靠交朋友"、"以朋友的姿态"、"以朋友的口吻"……才能得到解决，从此也可见朋友间的影响有多大！下面我们首先来了解一下现实生活中朋友的类型有哪些。

（1）诤友型

诤，直言规谏。即在朋友之间敢于直陈人过，积极开展批评的人。奥斯特洛夫斯基说："所谓友谊，这首先是诚恳，是批评同志的错误。"交诤友是正确选择朋友的一个重要方面。诤友，像一面镜子，能照出每个人身上的污点。《三国志·吕岱》篇中有这样一个故事，吕岱有个好友徐原，"性忠壮，好直言。"每当吕岱有什么过失，徐原总是公正无私地批评规劝。徐原的这种做法受到了一些人的非议，吕岱却赞叹说："我所以看中徐原，正由于他有这个长处啊！"直言敢谏，言所欲言，指出朋友的过失或错误，这样才是对朋友真正的爱护。陈毅元帅曾写过两句诗："难得是友，当面敢批评。"《诗经》上"如切如磋，如琢如磨"的诗句，也是说朋友之间要互相帮助，互相批评。人非圣贤，孰能无过？有了过失，在别人的帮助下，则可以及时发现并得到改正。诤友是少不了的。

（2）导师型

在人生的道路上，如果得到导师型朋友的指点和帮助，就能使你少走弯路。历史上不乏这样的例子，有的人竭尽平生之力，但在事业上一筹莫展，结果朋友的一句话，却使他顿开茅塞。"与君一席话，胜读十年书"就是这意思。导师型的朋友往往在某一领域有着丰富的经验。科学史上戴维和法拉第的友谊，一直被人传为佳话。当法拉第成为近代电磁学的奠基人，誉满全欧洲时，他还是常对人说："是戴维把我领进科学殿堂大门的！"可见，导师型的朋友常为困境中的友人指点光明的所在，常为在事业上做最后冲刺的友人送去呐喊和力量。

（3）异性型

古今中外，都流传着许多男女之间友谊的动人故事。俄国音乐大师柴可夫斯基和梅克夫人之间的友谊，便是其中一例。有一次，梅克夫人在听完柴可夫斯基的《第四交响乐》后，回家马上写信给柴可夫斯基，"在你的音乐中，我听到了我自己……我们简直是一个人。"由于性别上的差别，一般来讲，男性刚强，勇敢，女性心细，富有同情心。在困难和挫折面前，女性需要男性的保护和帮助，男性则需要女性的安慰和体贴。因此，异性之间的友谊也可以像同性友谊一样密切，并可产生特殊的力量。

（4）患难型

顾名思义，患难之交对人生的重要性丝毫不亚于经久的交往，尽管事过境迁，但友谊却与日俱增。他们相逢于危难之中，相助于困难之时。相同的命运和遭遇铸造了强有力的友谊的链节，使友谊牢不可破。因为他们相交于人生的十字路口，即使在一起的时间十分短暂，但毕竟相互分享了忧愁和困苦，这会使友谊因基础牢固而地久天长。

（5）娱乐型

人，除了工作、学习之外，还需娱乐，休息。而且许多娱乐活动需要两人以上才能开展；于是，便产生了娱乐型朋友。德国近代斐声文坛的大诗人歌德和席勒，他们的友谊历来为人们称颂。他们俩人经历不同，性格各异，但从 1794 年开始初交，直至 1805 年席勒去世，十载春秋，俩人情同手足，正是因为他们的友谊植根于兴趣和爱好相同。正如歌德所说："像席勒和我这样两个朋友，多年结合在一起，兴趣相同，朝夕晤谈，互相切磋，互相影响，俩人如同一人……这里怎么能有你我之分呢？"人的生活岁月，主要由劳动时间和闲暇时间组成，兴趣和娱乐可以给事业增辉。值得一提的是，过去我们常把娱乐型朋友看成是吃喝玩乐的酒肉朋友，甚至把它与"轧坏道"相提并论。其实，这是一种偏见。健康的娱乐活动能陶冶人们的性情，娱乐型朋友之间同样能建立真挚的友谊。随着人们物质文化生活水平的迅速提高，生活内容将变得更加丰富多彩，社交范围也势必随之扩大，娱乐型朋友必然会成为朋友中的一个重要类型。

（6）信息型

这类朋友交友甚广，或从事新闻、资料和某种社会性工作，他们对新鲜事物有一种特殊的敏感，常被人称作"消息灵通人士"。在当今社会，信息已成为不可缺少的宝贵财富，众多信息报刊和沙龙的出现，就很能说明问题。据说有一位科研工作者花了近十年的时间，搞出了一项发明，后来才知道类似的产品早在十多年以前别人就已发明了，并申请了专利。这位科研工作者白白浪费了这么多时间和精力，如果当时有一位这方面信息灵通的朋友，事先把消息告诉他，就不会有这样的遗憾事了。

八分的智慧：这个世界上对自己有帮助的有三种好朋友，就是所谓"益者三友"，是友直、友谅、友多闻，其余的则不必太交往。第一，友直。直，指的是正直。这种朋友为人真诚，坦荡，刚正不阿，有一种朗朗人格，没有一丝谄媚之色。他的人格可以影响你的人格。他可以在你怯懦的时候给你勇气，也可以在你犹豫不前的时候给你果决。所以这是一种好朋友。第二，友谅。《说文解字》说："谅，信也。"信，就是诚实。这种朋友为人诚恳，不作伪。与这样的朋友交往，我们内心是妥帖的，安稳的，我们的精神能得到一种净化和升华。第三，友多闻。这种朋友见闻广博，用今天的话说就是知识面宽。

第九章　结交朋友可以多不能滥

在心里树立一个择友的标准

事实上，在现实生活中人们总是在有意无意地选择朋友。区别在于，是清醒地、自觉地选择朋友，还是盲目地、不自觉地选择朋友，把什么作为择友的标准。由于时代不同，社会不同，人与人之间的不同，择友的标准也就不尽相同。在我国几千年的文明史中，有无数名家学者对择友标准问题进行过探讨和实践。这里，在对前人择友标准的扬弃基础上，谈一下当代人的择友标准。

（1）志同道合

晋人傅玄《和秋胡行》讲："清浊必异源，凫凤不并翔。"意思是，水有清有浊，因为它的源头不一样，野鸭和凤不会在一起飞翔。说明志趣不同的人，无法在一起相处。《论语·卫灵公》讲："道不同，不相为谋。"意思是，人们的政治主张不同，就不必相互商量事情。清人顾图河《息交》讲："惟当同心人，可与论金铁。"意思是，只有志同道合的人，才能结成牢不可破的友谊。

（2）品质要好

《孟子·万章下》讲："友也者，友其德也。"意思是，交朋友，因为朋友的品德而去交他。《论语·季氏》讲："友直、友谅、友多闻，益矣；友便辟、友善柔、友便佞，损矣。"意思是，同正直的、诚实的、见闻广博的人做朋友，是有益的；同虚伪应酬、假意随和、花言巧语的人交朋友，就有害了。

（3）知心

晋人谢惠连的《相逢行》讲："巢林宜择木，结友使心晓。"意思是，鸟儿巢林应当有所选择，交朋友理应对对方了解。汉《古歌辞》讲："结交在相知，骨肉何必亲。"《郭嵩焘日记·联语》讲："结交贵知心。"汉人扬雄的《法言·学行》讲："朋而不心，面朋也；友而不心，面友也。"意思是，交朋友而不能真诚相待，以心相见，就是貌合神离的朋友。

（4）可靠

《鸡鸣偶记》讲："道义相砥，过失相规，畏友也；缓急可共，生死可托，密友也；甘言如饴，游戏征逐，昵友也；利则相攘，患则相倾，贼友也。"大意是，要结交那些能够指出自己过失、患难与共的人，不要结交那些只知道吃喝玩乐的人和背叛友谊的人。

（5）比自己强

清人申涵光的《荆园进语》中讲："凡弈棋与胜己者对，则日进；与不如己者对，则日退。取友之道亦然。"意思是，与棋艺胜过自己的人下棋，就能天天进步；与棋艺不如自己的人下棋，就会日见退步。交友之道也是如此。

（6）交友不怕贫

宋人刘过的《同许从道登圜翠阁》中讲："结交有味贫何害？薄酒虽村饮亦豪。"意思是，所交的朋友只要知心，即使贫穷又有什么不好的呢？朋友虽然朴实无华，同他一起畅饮薄酒也觉得很有意思。唐人高适有一首《赠任华》诗：

> 丈夫结交须结贫，
> 贫者结交交始亲。
> 世人不解结交者，
> 唯重黄金不重人。
> 黄金虽多有尽时，
> 结交一成无竭期。
> 君不见管仲与鲍叔，
> 至今留名名不移。

以上这些择友的标准，可以作为我们择友时的参考，但取舍要根据个人的实际情况而定。择友首要的、基本的标准是，分清敌友，不能认敌为友。歌德说："真诚、活跃而富有成果的友谊表现在生活的步调一致，表现在我们的朋友赞成我的目标而我也赞成他的目标，因此无论我们的思想和生活方式有多大差异，都始终不渝地共同前进。"歌德这里说的生活步调一致、生活目标一致，意即要分清敌我。就我国今天的实际情况而言，那些赞成、参加社会主义现代化建设的人，就是和我们生活步调一致、生活目标一致的人，都可以成为我们的朋友；反之，就不能成为我们的朋友。

那么，能不能和落后的甚至失足者交朋友？回答是肯定的：能，也应该！了解对方的优点、长处，更了解对方的缺点、毛病、错误，帮助其克服缺点、毛病、错误，是友谊的题中应有之义。因为落后的人并不属于敌人范畴，自然可以与之交朋友。清人申居郧的《西岩赘语》中讲："居有恶邻，坐有损友，借以检点自慎，亦是进德之资。"说的是，住家有不好的邻居，交往中有不好的朋友，如果能以他们为借鉴，从而谨慎从事，这也是提高道德修养的好条件。这是有点辩证法的。在同落后的人乃至失足青年的交往中，我们只要保持清醒头脑，坚持原则，坏的影响是可以抵制住的。抵制坏的影响的过程，就是帮助朋友的过程，也是自己提高的过程。

八分的智慧：耶稣语：即使他显示谦和，屈躬而行，你仍要留神，提防他；你对他要像一个擦亮镜子的人；你将会看见锈的下面有什么东西。

友谊种子也需要辛勤栽培

友谊是以自己对朋友的友爱为基点的，而不仅仅是为了从朋友那里得到点什么。友谊的种子是一颗爱的种子，是建立在自我牺牲和敬重对方基础上的友爱。当然，渴望自己被朋友爱，这并不错，我们需要友谊还不是因为需要温暖和力量吗？可要获得友爱，既不能以朋友先爱自己为前提，也不能以对方爱自己为目的。朋友对自己的爱，不是追求的目标，是自己爱的行为的必然结果。如果说世界上有一种东西，不能靠强力、欺骗所获得，那就是爱。只能用爱来交换爱，只能用信任来交换信任。倘若朋友之间都这样认为和这样做，友谊的种子就充满了活力，定会破土而出。

（1）用忠诚去催发

对朋友要忠实、诚恳、尽心竭力。忠诚之于友谊，正如春风催发幼芽一样，是友谊之花成活的不可缺少的条件。那种三心二意、虚情假意、阳奉阴违、两面三刀的做法，是摧残友谊之花的凛冽寒风。忠诚，要求人们襟怀坦白：有一是一，有二是二；把自己的一切和盘端出，既不隐瞒自己的缺点，弱点，也不遮掩自己的优点、长处。忠诚，还要求人们真心诚意，没有假意，不来虚情，诚恳待友，真心相处；既不掩饰朋友的缺点、弱点，也不嫉妒朋友的优点、长处；该批评的就批评，该鼓励的就鼓励。忠诚，也要求人们尽心竭力，急朋友所急，帮朋友所需；朋友相求，有求必应；尽心去想，尽力而为；爱莫能助，要讲明原因。也就是说，朋友之间要以诚相待。

（2）用热情去灌溉

友谊的幼芽破土而出以后，需要的是满腔热情去灌溉，热情同温暖连在一起。失去了热情的友谊，就如没有友谊一样。人们说，友谊给人以温暖，而温暖通常是在热情的气氛中使人感受到的，"千里送鹅毛，礼轻情义重"，"良言入耳三冬暖，恶语伤人六月寒"等谚语，都说明了这个道理。热情又是亲密关系的外溢，就像水满才溢，水满必溢一样，只有两个人的关系亲昵无间，才能处处洋溢着热情，通过外露的热情可以猜测其友谊的深度。不能想象，一对隔阂深重的友人，会热情异常，既使能那样，也不过是强作笑脸，皮笑肉不笑。热情更是发展友谊的甘露。冷酷的秋风会扫落友谊的花叶，使之凋零、枯萎；热情的甘露才能滋润友谊的花朵，使之艳丽多娇。

（3）用谅解去护理

友谊的保持、巩固和发展，离不开谅解。友谊是两个人之间的交往，马尚有失蹄的时候，人哪能没有些失误、过失？诸如此类的情况，每个人都可能遇到：朋友可能不分青红皂白，没头没脑地说你几句；朋友可能一时傲慢，对你不恭不敬；朋友可能一时失言，揭了你的疮疤（短处），触犯了你的避讳；朋友可能无意中讽刺、挖苦了你，使你下不来台；朋友可能误解了你，使你蒙受了委屈，自尊心、自爱心受到损伤……这时就需要你能够谅解对方，友谊之花离不开谅解的精心护理。谅解首先需要理解。即体谅对方的处境、心情，从而原谅对方冒犯自己的言行。有些时候，理解比拔刀相助更令人感到温暖。许多人都会有这样的感受：自己做了一件对不起朋友的事，担心得不到朋友的谅解，可是朋友反倒来安慰自己，自己该会多么激动不已呀！谅解还需要有一个博大的胸怀。就是通常所说的"宰相肚里能撑船"，能够容其辱，听其骂，咽下火，吞下怒。谅解还需要着眼于友谊的大局。斤斤计较对方的态度，锱铢必较个人的得失，就会使友谊出现了裂痕，将会导致友谊的破裂。"蝼蚁之穴，能溃千里长堤"啊！

（4）用原则去维护

共同进步是友谊的原则。我们经常说，思想进步、学习进步、工作进步的话，朋友之间通信的最后一句话往往是"祝你进步"。进步向上，有所进取，这个有所作为，是我们的希冀。如果友谊中失去了"共同进步"原则，就如一株鲜花没有花茎一样，不成其为鲜花，不成其为友谊了。用"共同进步"的原则来培养友谊之花，要求我们不断克服影响进步的缺点、毛病。人的进步，就是一个克服缺点的过程，不断克服缺点就是不断进步。我们赞美友谊，就是因为朋友与自己比较接近、有益于发现自己的缺点。"责备乃朋友之礼物，姑息乃小人之所为"，这句古话就很有道理。

八分的智慧：想要交上好朋友，第一要有仁爱之心，愿意与人亲近，有结交朋友的意愿；第二，要有辨别能力。这样才能交到品质好的朋友。有了这两条，就有了保障交友质量的底线。从某种意义上讲，交到一个好朋友其实就是开创了一段美好生活。我们的朋友正像一面镜子，从他们身上能看到自己的差距。

第九章　结交朋友可以多不能滥

获得友谊不难，保持友谊才不易

友谊，不仅仅是在那欢歌笑语中和睦相处，更是要在那困难挫折中互相提携，相濡以沫。有的人在无忧无虑的日常生活中，还能够和朋友嘻嘻哈哈地相处，可是一旦朋友遇到了困难，遭到了不幸，他们就冷落疏远了朋友，"友谊"也就烟消云散了。这种只能共欢乐不能同患难的友谊，不是真友谊。莎士比亚曾说过："朋友必须是患难相济，那才能说得上是真正的友谊。"很多名人都十分珍重在患难中得到的友谊，把此誉为"真友谊""真朋友"。这是因为，友谊本身就意味着在困难时的忠诚相依。否则，友谊就毫无意义。

（1）患难的考验

所谓患难，主要是指个人遇到的困难，遭到的不幸。摆脱困难，战胜不幸，不能完全依赖组织，要靠我们自己的力量，要借助友谊的力量。

当朋友遇到了困难的时候，应该伸出友谊的双手。当朋友生活上艰窘困顿时，要尽自己的能力，解囊相助。对身处困难之中的朋友来说，实际的帮助比甜言蜜语强一百倍，只有设身处地地急朋友所急，帮朋友所需，才体现出友谊的可贵。

当朋友遭到了不幸的时候，应该伸出友谊的双手。例如，在朋友不幸病残、失去亲人、失恋的时候，就要用关怀去温暖朋友那冰冷的心，用同情去安抚朋友身上的创伤，用劝慰去平息朋友胸中冲动的岩浆，用理智去拨散朋友眼前绝望的雾障。反之，若是对朋友的不幸置之不理、幸灾乐祸，那两人之间就没有什么友谊可谈了。

当朋友遭到打击、孤立的时候，应该伸出友谊的双手。如果在朋友遭到歪风邪气打击的时候，为了讨好多数，保持沉默，或者反戈一击，那就成了友谊的可耻叛徒。正如巴尔扎克的《赛查·皮罗多盛衰记》中所说的："一个人倒霉至少有这么一点好处，可以认清楚谁是真正的朋友。"一个好朋友常常是在逆境中得到的。假如你在遭到打击、孤立的时候，有人与你本不熟悉，但却理解你、支持你，坚决同你站在一起，那你一定会把他视为挚友，会为找到一个真正的朋友感到高兴。

当朋友犯了错误的时候，应该伸出友谊之手。朋友犯了错误，自己感到羞愧，脸上无光，这是正常的，也是一种好现象。但是，担心继续与犯了错误的朋友相交会连累自己，因此而离开朋友，这是自私的。友谊的价值之一，也就是在于帮助犯了错误的朋友一道前进。

（2）利益的考验

相互间个人利益发生矛盾时，也是对友谊的一个考验。生活是复杂的，什么事情都可能发生。例如，在评奖金、评先进等时候，只有一个名额，或者自己，或者朋友，两者必取其一；在选择对象的时候，两个人同时看中了一个人等等，都是对友谊的考验。如果友谊像小草上的露珠一样，一经太阳照射，便无影无踪了，就是没有经受住考验。在利害攸关时，把利益让给朋友，自己"吃亏"了，才是真正的友谊。那种只想占便宜的人得不到友谊，即使得到了友谊，也会很快被友谊所抛弃。

（3）时间的考验

俗话说："路遥知马力，日久见人心。"交几个朋友很容易，三句话投机就可以成为朋友，但是只有日久才能见人心。获得友谊并不难，保持和巩固友谊则是不易的。友谊的婴儿是在时间的摇篮里成长起来的，深厚的友谊往往同数年之交连在一起，一两天交往，三两次谈话，显然不能称其为深厚的友谊。在时间的摇篮里，我们一方面看到了朋友的毛病，从而尽朋友之谊，帮其克服；另一方面，更发现了朋友的长处，从而使自己汲取了营养。一方面两个人之间出现了摩擦，从而在矛盾解决的基础上，使友谊向前发展了一步；另一方面，"你敬我一尺，我敬你一丈"，你来我往，从而情谊越来越深……

八分的智慧：与你要好的人应多，然而作你参谋的，只千中取一。如要交友，先要考验，不要立刻信任他。因为有的人，只是一时的朋友；在你困难的日子，就不见了。

要想有友谊，就要把朋友放在心上

每个人都觉得自己很重要？或者说，每个人都希望被别人认为很重要。如果朋友感觉到他在你心目中很重要，他一定会对你产生好感——没有人会讨厌一个喜欢自己、尊重自己的人。

有些人自视甚高，他们觉得自己很重要，却忘了别人也需要这种感觉。他们在不经意间流露出对别人的轻视，于是受到大家的疏远。只有使别人产生重要的感觉，你才会受到他们的欢迎。

如何使朋友产生重要的感觉呢？礼貌上的尊重是毫无疑问的，关键是你要把他放在心上，同时还可以采用一些让人产生好感的方法，比如：

关心朋友关心的事。他关心自己的利益，关心自己的健康，关心自己的家人……你只要对他的利益，他的健康，他的家人……表现出足够的关心，他就会把你当成自己人。

欣赏朋友欣赏的事。他欣赏自己的成就，欣赏自己的能力，欣赏自己的风度……你只要对他的成就，他的能力，他的风度……表现你真诚的欣赏，他一定会欣赏你，把你当成难得的知音。

请教朋友擅长的事。自己不懂的问题、不清楚的事情，不妨向朋友求教，既可增长见识，又能得到朋友好感，何乐而不为？

"你以怎样的态度对待别人，别人也会以怎样的态度对待你。"这是成功学家拿破仑·希尔的一句名言。

你轻视一个人，你就不会把他放在心上，对他的一切都漠不关心。你重视一个人，你就会关心他的感受，关心他所处的状况。当他感受到你的轻视或重视后，也会报以同样的态度。当你想改善或巩固跟某个人的关系时，把他放在心上，无疑是一条捷径。

美国前国务卿奥尔布赖特十多年前是 BON 电影公司的公关部经理，她面临着巨大的职业挑战，同时又必须面对许多现实的东西，像人际关系的处理、维持家庭生活的和谐等，但她巧妙地使这些烦琐的事情顺畅起来。

比如，她的下属总会在某一个繁忙的下午突然收到一张上面写着诸如"你辛苦啦""你干得非常出色"之类的小卡片，或一张精致典雅的卡片。而在她丈夫生日的那一天，她总会努力举办一个家庭小舞会，而且是一个人事先布置好，就这样，在繁忙工作的间隙，她并没有花太多的时间，却给他人送去了一份又一份快乐。

她对这一做法饶有兴趣地解释说："大家的节奏都那么快，大部分人都忘了一些最基本的问候，都认为这些是无足轻重的小细节。其实正是这些细小的方面使人与人之间的情感变得不那么紧张，那我就想：为什么我不能做得更好些呢？"

她又说："一份小小的问候就能体现出一个人的真挚和诚意，使他人感到温暖。人与人之间渴望沟通和交流，而这些细小的方面是最能体现出你的那一份心意的。这是对我个人形象、风度的一个最佳传播，当她们看到那张卡片的时候，就一定会想起我，而且在她们心中隐含着对我的那一份谢意，会使她们更认为我是一个完美无缺的人，她们总会想到我好的地方，不会注意我的缺陷。"

显然，奥尔布赖特的这一番言论有许多值得我们借鉴的地方，人与人的关系不一定是在大事中才能体现出来，在日常生活的琐碎事之中更能体现你的友善。

既懂得工作的重要，也深信生活的乐趣，随时把心中最真诚的愉悦带给大家，这正是处理人际关系的要诀。

维也纳著名心理学家亚佛·亚德勒写过一本叫作《人生对你的意识》的书。在那本书中，他说："不对别人感兴趣的人，他一生中的困难最多，对别人的伤害也最大。所有人类的失败，都出自于这种人。"

八分的智慧：友谊是用心去精心维护的。生活中很多很多的问题，就是因为一方不把另一方放在心上或者双方互相不把对方放在心上引起的，种种仇视和敌意，也因此而生，并带来数不清的麻烦。如果每个人都对别人多一份关注，多一份重视，这个世界将变得更加温馨和谐。

第十章　情场得意须防过犹不及

　　爱情，是一种张弛之间的东西。谈恋爱在任何时候都要持有一颗平常心，在最紧张的时候给爱情一点松弛，在最松弛的时候给爱情一点紧张。用平常心对待爱情，懂得收放自如才好。

恋爱也需要知己知彼的智慧

爱情心理学的研究表明，当一方对另一方产生爱慕之心以后，总希望让自身的形象引起对方的注意，因此，如何识别她（他）的内心很重要。

（1）她（他）经常"偶然"和你相遇

她（他）总惦着寻找机会把自己显现在对方的视野中，但是由于自尊、害羞以及社会评价等因素的制约，向对方显示自己时表现得比较谨慎，又不愿让对方发觉自己是故意这样的。因而往往装出"无意""偶然"的样子作为掩饰，以便万一遇到麻烦有一个退路。一旦这种"偶然"经常发生，那你就有必要多想想了。

下班的时候，她（他）经常"偶然"在厂门口遇见你，并且每次都要"顺便"和你同行一段路，尽管这会使她（他）绕远多走路。

在食堂吃饭的时候，她（他）经常"偶然"坐在你习惯坐的饭桌旁边和你攀谈，注视着你，甚至还会把好吃的东西让你品尝。

在开会的时候或在看电影的时候，几乎每次他（她）都"偶然"坐在离你不远之处，甚至会和你的座位挨着。

在大学校园里，每次当你和同伴在幽静的林荫道散步时，他（她）经常"偶然"在那时刻恰好也散步来到你的面前。

特别是你若试探地改变一下你的活动路线和时间，她（他）也同样会"偶然"地随之改变。那么，这种"偶然"大概就不是偶然啦，很可能是有意引起你的注意了。

（2）她（他）的目光经常跟随着你

一般说来，人们对自己特别喜爱的东西总觉得看不够，希望能经常见到。被爱慕的异性则吸引力更大，"一日不见，如三秋兮！"一旦"意中人"出现了，他（她）的目光会不由自主地被吸引过去。当双方还没有明确说出心思时，这种目光常常是悄悄射向对方的。

在工作间隙你偶一回头，会突然发现有一双明亮的眼睛在注视着你。

在单位集会的场合，你也会发现她(他)的目光正从许多人头的空隙处凝视着你。

只要有她(他)在场，你总会觉得有双眼睛在盯着你，有时又会一闪而过。你会感到这种目光与众人的目光不同，它带着一种凝视的力量，带着希冀和温情，似乎要把你的视线吸引住，使你心动。这是因为：眼睛是心灵的窗户，许多无法用语言表达的感情，都可以用眼神传达。据对行为信号的剖析研究，人们如果看到动念的事物，瞳孔便会无意识地放大，当双方无言相对，而对方却一直看着你超过 6 秒时，你会产生对他(她)的特有注意，甚至会感到不自然。可见目光在传达感情上多么重要。也正因为这样，目光也为你了解对方的心灵提供了窗口。因此，当你发现她(他)的目光经常在注视你时，应明白这是传达信息的好时机，倘若你也有意，不妨试着在注视对方的同时报以深情的微笑，而对方的目光不但不躲避，却显得更明亮了。那么，至少可以断定，人家对你已产生好感。但是否是表达爱慕之意，还需要用其他表现证实。

（3）她(他)突然变得对你格外关心

青年男女在表示对对方的关心帮助时，都比较谨慎，而且常常是拉着几个同伴一起行动，很少单独向对方表示。如果你发现她(他)突然变得对你格外关心，独自悄悄地给你出乎意料的帮助，至少说明你在她(他)的视野中占据了重要位置。

你脸色不好，她(他)会悄悄问你："是不是身体不舒服？需要什么药吗？"而别人却看不出你脸色的微小变化。

你遇到一件不愉快的事，她(他)当时并没在场，事后却主动向你表示慰问劝导。这时显然是从别人嘴里打听到的情况，说明她(他)在时刻关注你。

你偶然因故缺勤，她(他)会很快发现并不动声色地打听你为什么没有来。

单位有什么好事或不利于你的事，她(他)会很快地告诉给你，为你高兴或忧虑，等等。

她(他)和你单独相处时不自然起来

以往你们单独相处时，她(他)并没有什么不自然的表现。忽然间你发觉她(他)和你相处时变得局促不安，手足无措，说话也不那么利索了，特别是还伴着脸红的现象。那么，如果不是她(他)做了什么对不起你的事，就很可能是对你动心了。心理学家认为，当一个青年对另一个青年异性开始钟情而又没表达出来时，往往在面对异性时不知所措，脸红耳热心跳。这是性焦虑的一种反应。这种不自然的表现，向对方相互发出了意会的信号。值得注意的是，这时俩人谁也不愿马上走开。

（4）她（他）总想了解你

她（他）常向你谈自己的童年，给你看过去的照片，讲上学时的趣事，告诉你家里的人口情况，父母的性格爱好，进而暗示欢迎你到她（他）家去玩。这往往是表示愿意接纳你为她（他）家庭成员的信号。

她（他）也可能常常问起你的家庭情况，听你讲童年、讲过去，对你家里事情有特殊的好奇心，甚至还常向别人打听你的生活，总想找机会到你家拜望。这往往是愿意成为你家庭成员的信号。

（5）她（他）变得爱对你恶作剧

这是一种希望引起你注意的变态行为。这种情况在男青年身上表现得较多。大多是因为找不到正当的理由接近你，或者你从没有想到要注意他，于是他就用恶作剧的手段来表达。

下班时，你突然发现自行车的气门芯被人拔掉了，别人悄悄告诉那是他干的。

在众人面前他会专门开你的玩笑或者成心拿话气你，让你下不了台。

……他从这里可以获得一种心理满足。不过，这种恶作剧基本上是一种失败的表达方法。因为这常常会使对方产生厌恶情绪，根本不去想你内心隐藏的真实意图。

八分的智慧：爱情里面的人，往往最难把握张弛之间的分寸。很多相爱的人，最终不得不分开，就是因为迷失在一种或者太过紧张，或者太过松弛的氛围里。爱情，让沉浸其中的人从细致到紧张，关注着对方的每一句话，每一个动作，每一个眼神，仿佛这一切都和爱情有关。而事情的真相，往往是自己实在想的太多，张有余而驰不足，让很多美丽的爱情只好在紧张中慢慢消失。

不要和一个完美主义者恋爱

百度百科上称完美主义者是十分追求完美的人，也有不切实际、过分空想的贬义。

完美主义者的最大特点是追求完美，而这种欲望是建立在认为事事都不满意、不完美的基础之上的，因而他们就陷入了深深的矛盾之中。要知道世上本就无十全十美的东西，完美主义者却具有一股与生俱来的冲动，他(她)们将这股精力投注到那些与他(她)们生活息息相关的事情上面，努力去改善它们，尽量使其完美，乐此不疲；但是，往往半途而废。虽然他(她)们都是自动自发的，但追求极致完美本身就是一种错误。

比如在工作中，这类人也许在开始接手工作时也是抱着他(她)们那惯有的"不做完美决不罢休"的劲头，但后来都会慢慢衰减，原因就在于在工作过程中，不完美此起彼伏，他们根本顾及不了那么多，最后那股稳做不辍的冲动只好认输。由于完美主义者对不完美的事物不能置之不理而作壁上观，所以他(她)们往往轻率地订下计划，并且义无反顾地去执行。

但是，隔不了多久、或者他(她)们的计划就要完成时，他们却感觉疲倦了，并且开始怀疑这件事对自己的意义，因为他(她)们手中这样轰轰烈烈的计划太多太多了，他(她)们开始分不清到底把哪件事做完美才是值得的。这种感觉日积月累，使他(她)们整天生活在挫折、失败、碌碌无为和愤怒的心情之中而无法自拔。

当你和异性交往时，难免会遇到这样一些完美主义者，这时你就要提高警惕了，想一想自己是否真的能胜任这样一个爱情挑战工作。有这样一个笑话：一个完美主义者的人体界限是1米，一个人只要三天内和他保持1米以内的距离，他(她)就会竖起风衣的领子，一只脚呈弓步——随时准备逃。

有部电影里的女主人公就遭遇了这样一位唯美男友，那个莫名其妙的男人明明不可救药地爱着女主人公，当在一起的时候，却总是若即若离，故作姿态。当离开人家后，又偷偷租下隔壁房间偷窥别人。

这部电影，向我们表述了一种关于完美主义者的奇怪举动和接近病态的心理。同时，它还归纳出一种概念：完美主义者在恋爱中总是害怕靠近。当他（她）向往的一桩美好事物临近时，他的标准反应是：逃避。一个完美主义者凡事不敢靠得太近。因为他（她）害怕看到事情的真相，因为真相总是不完美的。

萧然不幸爱上了这样一个完美主义者，所以她的生活混乱不堪，极为痛苦。那个完美主义者和萧然走得很近，一个星期见一两次面，如果多见了几次他就失踪掉，他从不把萧然介绍给他的朋友，也不让萧然去找他，给他打电话多了他会相当不耐烦，以致萧然觉得自己很低贱。他时而躲闪，他时而说谎，他隔一阵子会冷淡你一下。她退一步，他进一步，她进一步，他退两步。但他是个正派人，做起事情来也很认真，你又没有理由说他不爱她。

最糟糕的是，萧然发现，他对他过去、现在、未来的所有女人都如此，萧然绝没有改变他的可能。萧然身边的朋友无法帮上她的忙。对于这样一个帮他喂几天小鱼他都会觉得自己空间被侵占的男人来说，又怎么谈感情呢？

完美主义者是苛刻的。维多利亚时代的审美观是无法想象一个淑女也会上厕所，同样，一个完美主义的男人可能也无法容忍女人打嗝。这样说来完美主义者也是另一层意义上的恐怖。如果这样，你怎么还能充满安全感地躺在他（她）的怀抱，你每天只会焦虑自己身上有没有怪味。不敢想象甜蜜一夜后的那个早晨，他（她）会用什么样的目光打量你浮肿的面孔，因为你知道多半不是温情，而是厌恶、嘲笑，那阴毒的目光足以让你无地自容。

一个讲究完美主义的人将严重摧毁你的自信。恋爱中，他（她）们不会对任何事感到满意。当太过接近或是发现一点点瑕疵时，他（她）们总是会立刻逃跑。事实上，一个在恋爱中总想逃跑的人，他（她）的心灵深处是有问题的，他在骄傲的同时，也会蔑视自己，对自己感到不满意。一个对自己都不能接受的人，更不能指望他（她）会全心全意地去爱别人。

八分的智慧：一个太追求完美的人会让恋人感到窒息，他(她)们一直躲避着不让人靠近，让人感受不到他(她)的温暖以及爱。完美主义者在事事追求完美的时候，其实他(她)的心灵是残缺乃至冰冷的。要远离这种病态的完美主义者。

第十章

情场得意须防过犹不及

学会和恋人保持一个温暖的距离

在爱情里，往往会讲求"距离美"。曾几何时，开始流传一种"相见不如思念"的说法，两个恋爱中的人，如果没有找到合适的相处方式，没有保持一定的距离，往往会想逃避。当离开后没有了纷争又开始想念，继而又聚在了一起。

这样一个现象便是"刺猬法则"的表现形式。所谓"刺猬法则"，是这样得出的：为了研究刺猬在寒冷冬天的生活习性，生物学家做了一个实验，把十几只刺猬放到户外的空地上。这些刺猬被冻得浑身发抖，为了取暖，他们只好紧紧地靠在一起；而相互靠拢后，又因为忍受不了彼此身上的长刺，很快就又各自分开了。可天气实在太冷了，它们又靠在一起取暖。然而，靠在一起时的刺痛使它们不得不再度分开。挨得太近，身上会被刺痛；离得太远，又冻得难受。就这样反反复复地分了又聚，聚了又分，不断地在受冻与受刺之间挣扎。最后，刺猬们终于找到了一个适中的距离，既可以相互取暖，又不至于被彼此刺伤。

世间万物本就有许多相通之处。"刺猬法则"告诉我们这样一个道理，合适的距离才能让彼此舒服，找到一个合适的相处距离和方式决定了恋爱中两个人在一起时的幸福与否。两个人在一起，必定要经历一个磨合的过程。

每一个正在恋爱中的朋友们，都想找到一个能让双方都感到融洽舒服的距离，那么就试着去做到以下几点：

首先爱情中也需要隐私，不要肆意地去盘问或偷窥另一半的隐私。作为两个不同的个体，注定了每个人都有一个小小的"私人"空间留给自己，心理学家指出，人人都有"公众自我"和"私人自我"，也就是说，我们在人前是一个样子，而内心世界中又会存在另一个自我。即使面对伴侣，也会隐藏一部分"私人自我"。三毛曾经说"我的心有很多房间，荷西也只是进来坐一坐。”

不要去翻对方的爱情底案，当对方全心全意和你在一起时，你就没必要再去计较他的毫无意义的陈年往事。

沈女士的丈夫王先生是一家 4A 公司的老总，由于工作的原因，他常常会带上公司里的女职员出外陪客户吃饭。每当这个时候，沈女士的电话就会追踪而至：“你在哪儿啦?”王先生如实回答后，沈女士又会继续问“怎么那么闹啊?”或者“怎么那么静啊?”回到家，她还会在甜言蜜语中寻找他身上的异性动向，一会儿说“我怎么闻到一股香水味呀?”，一会又说“别动，你头上有根白头发我给你拔掉”——其实她是要检查有没有人将口红之类留在丈夫的颈部。

沈女士的这些小动作，怎么逃得过王先生商人的眼睛！但他往往假装不知，好让她在一无所获中安心。一次，王先生的几个好友劝沈女士不要过分紧张，她反过来挺认真地拜托他们：“我们的孩子还小，你们可要帮我看着他啊。”

经过这样的折腾，王先生无论做什么事都感觉被人盯着，束手束脚，工作每况愈下，甚至连家都不想回。沈女士如此的做法，就是因为没有给丈夫一点点的隐私，结果弄得自己和家人都不得安宁。

其次，不能太过依赖对方，尽量做到经济独立。金钱是个敏感的话题；恋爱中的男女涉及经济利益马上翻脸的例子现实中不在少数。感情归感情，金钱归金钱，还是泾渭分明的好，有自己的经济基础，才会更平等地与人交往。

不要每天都想要黏在恋人身边，没有一点自由的空间，反而会让恋人感到压抑和无所适从。留一点时间，让爱人去想念，想念会让爱情升温，何乐而不为。

再次，爱情需要关怀和理解。如果爱情里面只剩下了争吵，把在工作上或生活上遇到的所有不如意都一股脑地发泄在另一半身上，那么长此以往，爱情是迟早会被消磨殆尽的。对另一半的关怀和爱无止境的挥霍，只会更快地加速爱情的瓦解。相信你付出的每一分体贴与爱，对方都能感觉到。

最后，扩大自己的社交圈，拥有属于自己的空间。对方永远不是自己的全部，如果把全部的心思都放在爱人的身上，容易在爱情中迷失自己。

　　八分的智慧：距离不是要刻意保持的，距离只是要多给彼此一点属于自己的时间和空间，还要付出自己的关怀，让对方感受到温暖，这样才会更快地达到融合，让两个人都感受到恋爱的喜悦与舒服。

理解与支持让爱情走得更远

经典名著《罗密欧与朱丽叶》向我们讲述了两个相爱至深的人，因为双方家长的阻挠而不能在一起，最后双双殉情的凄美故事。

心理学家德斯考尔等人在对爱情进行科学研究时发现，在一定范围内，父母或长辈干涉儿女的感情，这会使青年人之间的爱情更深。就是说如果出现干扰恋爱双方爱情关系的外在力量，恋爱双方的情感反而会更强烈，恋爱关系也会变得更加牢固；这种现象被叫作罗密欧与朱丽叶效应。

在现代社会，父母反对子女婚姻的例子比比皆是。或是家长之间的恩怨，或是家庭条件的悬殊等原因，都导致了家长对子女婚姻的阻挠。

22 岁的小玲和 23 岁的小钟同在攀枝花一家小钢厂工作，半年前，小玲刚到钢厂工作，两人便一见钟情，随即坠入爱河。经过半年的相处，两人感情更深，谁也离不开谁。一个月前，两人相约结婚，并告诉了双方的父母，谁知道却遭到了小玲养父母的强烈反对。小钟说，小玲养父母见两人在一起的决心已定，就说必须掏 10 万元的抚养费给他们。

小玲的养母和她的亲生母亲是姐妹，小玲的户口仍在亲生父母那里。虽然他俩的婚事得到了小玲亲生父母的同意，但养父母的反对却让他们很伤心。因为小玲和小钟的事，小玲和她养父母的矛盾一步步加深。"小玲和她养父母根本就没有法律上的抚养关系，她养父母要抚养费用合理吗？"小钟曾求助于一个媒体工作的朋友。

针对小钟和小玲的疑惑，小钟的朋友咨询了一下律师。律师说，小玲和养父母在法律上并没有亲子关系，也没有法律上的抚养关系。养父母索要的 10 万元抚养费在法律上是没有依据的，因为小玲在法律上对养父母没有返还义务，她和养父母之间只能从亲情角度进行协调。养父母如果认为小玲应当担负抚养费用，他们可以到法院进行起诉。

尽管朋友曾多次劝阻，但小玲和小钟仍表示，如果他们的婚事得不到小玲养父母的承认，他们也只好选择一条殉情路。

殉情是一条不归路，为了家人的阻挠，却要葬送两条年轻的生命，这样的想法乃至做法我觉得虽无奈却也愚蠢。在现实生活中，拿生命做赌注的爱，只是自私的想法。生命赋予人宝贵的爱情，不应该如此消极地面对。

没有哪个父母会忍心把自己的子女逼到绝路，当爱情受到阻挠时，不要逃避，不要等父母自己改变决定。自己主动的劝解和沟通才是化解父母心结的最有效方法。

陈燕是名牌大学毕业的高才生，一毕业就进入了一家外企，每月收入不菲。在一次工作中，陈燕遇到了来她们公司推销办公家具的陆飞，两人在交谈过程中都萌生了一见如故的感觉。随着接下来几次的见面，两人迅速开始了交往。

两年下来，陈燕的工作日渐沉稳熟练，被提拔为部门主管，而陆飞仍在家具装饰公司做着销售工作。这些并没有影响俩人的感情，并且陈燕开始有了与陆飞结婚的打算。然而，结婚对于他们来说，太难了。因为陈燕的父母本来就一直反对两人恋爱，更别提结婚。陈燕父母觉得陆飞只是普通专科毕业，而且从事的工作也没什么前途，认为女儿嫁过去一定会吃亏。

陆飞一而再地登门拜访，都被陈燕父母拒之门外，然而他从来没失去过信心。当有一天，陈燕、陆飞再次来到陈燕父母家时，正好陈燕父亲哮喘发作，倒在了小区门口，陆飞随即把陈爸爸背回家中，并协助陈爸爸顺利吃下药。这事过后，陈燕父母对陆飞的态度明显缓和了很多，但还是反对两个人的婚事。

陈燕和陆飞并没有放弃，陈燕告诉陆飞，自己的父母只是担心他的前程，怕他照顾不好自己的女儿。为此陆飞在陈燕的提示下写了长长的一份计划书，洋洋洒洒几万字，里面清楚地写出了自己事业上长远的目标和能够事业成功的信心。

当陈燕父母看到这份计划书时，开始给陆飞提出任务要求，只要陆飞能在一年内事业上有进展，他们就不会再反对俩人。

一年后，在陈燕的帮忙以及陆飞自己多年工作经验的基础上，陆飞自己的家具公司终于正式运营了。虽不庞大但也小有规模，这时，陈燕和陆飞也在双方父母的祝福下举行了婚礼。

八分的智慧：恋爱深受父母反对的朋友们，如果你认为选择的是一个可以托付终身的人，就不要害怕别人的阻挠。理性地去跟父母沟通，在你需要父母理解和支持之前，你首先要先理解自己的父母。耐心地向他们讲述你们的爱情以及为了幸福婚姻而奋斗的决心。当你决定要积极、坚强地面对自己的感情和生活时，我相信总有一天你的父母也会为之动容。

第十章

情场得意须防过犹不及

一定要尽量摆脱情感饥饿

日常生活中，人们对于缺乏食物而产生的饥饿感觉会很敏感。但在女人的情感世界里，许多人却忽视了另一种饥饿，即难以摆脱的心灵空虚、寂寞、精神萎靡不振等状态。心理学家称之为"情感饥饿"。

一般说来，情感饥饿与人的生活富足与否有很大关系。情感饥饿常产生在生活富足、闲散舒适、无所追求的人群之中，他们外表无忧无虑，但活力日减，情感麻木，心情抑郁。

家庭主妇孙玲说："丈夫在单位是个不大不小的官，平时应酬较多，很少有时间陪我逛商场、旅游等，更不用说陪我聊天了。虽然家中有房有车，做家务有保姆，但我却感到空虚、无聊极了。有时，我真的希望有一个爱我、疼我的情人。"

宛君每次到好友君君办公室时总是哀怨地说："说实话，我真的好想去找一个情人哦。"在别人的眼里，她已经够幸福了，儿子聪明伶俐，老公是个不大不小的干部。"我对老公很失望，他一点也不浪漫，不和我一起去看电影、旅游，总是说没有时间，忙自己的事情，这样的生活还有什么意思呢？"宛君垂头丧气地说。

孙玲和宛君的这种情况就属于情感饥饿。情感饥饿是一种不健康状态，它会使女人对婚姻、家庭失去信心，以冷漠的态度对待生活。为了摆脱空虚，她们或是打牌闲逛，或是寻找婚外情，之后仍是一片茫然。

要想摆脱这种状态，最重要的是对婚姻家庭有信心，当你认识到丈夫所做的一切是真心爱你的时候，情感饥饿就会减轻。当然，也可以用一些简单的方法来缓解这种饥饿感，对爱人直接提一些简单的要求，一个拥抱、10分钟的谈话时间、一周一次的散步、一起看一些都感兴趣的电视都会达到缓解的效果。而且尽量不要去争吵，去冷战，当遇到问题时要及时沟通。

此外，还可以用勤奋的工作来填补心灵上的空虚。把工作作为寂寞女人的心灵依托，可以让女人的视线从家庭情感转移到工作中，并从工作中找到满足和充实感。寄激情于工作，既缓解了女人对于男人不能陪在身边所产生的空虚感，也会让女人对生活充满更多热情。

在家庭和工作之余，女人最好还要建立一个适合自己的社交圈子。尽量让自己生活在群体之中，多结识志同道合的朋友，共同探讨大家都感兴趣的话题。和朋友多多去参加室外活动，开阔自己的眼界，同时也会让自己的心灵变得宽广，不再局限于狭隘的私人情感中。

在一家知名广告公司里，萱萱在挥舞着漂亮的双手与身边的助理小余交流，助理心悦诚服地聆听着这位出色服装设计师的建议。上午工作结束，助理小余羡慕地望着萱萱说："萱萱姐，你可真是咱女性同胞中的楷模啊。优雅，聪明，还有一个幸福的家庭，如此完美，上天真是太眷顾你了。"萱萱不以为然地摇摇头，随即说道："你只看到我得意的时候了，想当初我也是从苦水里头走出来的呀。"

确实如此，一年前的萱萱与富有的老公结婚，因为丈夫的要求她从此过上了家庭主妇的日子。刚开始还比较适应，她的丈夫每天忙完公司的事情就会早早地回家陪她，然而随着丈夫工作越来越忙，没有多少时间陪自己，萱萱变得格外孤单敏感，而且脾气也随之变坏，常常为了一些鸡毛蒜皮的事和丈夫争吵，这样，丈夫晚回甚至不回家的几率也越来越高。

当萱萱越来越无法控制自己沉沦的情绪时，萱萱的母亲告诉她，她只是因为生活习惯才出现了情感空虚，只要换一种生活模式，充实自己的情感，问题就迎刃而解了。

在朋友的帮助下，萱萱又重操旧业，回到广告公司开始了自己新的工作，因为设计上的才华，萱萱的作品广受好评，萱萱感到一种久违的成就感。在工作之余，萱萱每周定时和朋友去学瑜伽放松心情。她还积极参加各种时尚派对，结识新的朋友。一年下来，萱萱发现自己的内心有了很大的改变，再不会神经敏感地去翻丈夫的手机或者焦虑到没事就和丈夫大声吵吵。家里也少了争吵和冷战，取而代之的是欢笑和亲切私语。

　　八分的智慧：无论是在恋爱还是婚姻中，都不要过分去依赖恋人。把所有的心思全部放在爱情上，只会让自己的心灵变得严重营养不良，越来越饿。将自己的视野多转移到工作或是朋友身上，情感就不会因为心灵的偏食而饥饿。

浪漫要服从于现实

爱情是要现实还是浪漫，这是许多人都会思考到的问题。每个人或许都有过这样的冲动，要"生如夏花之烂漫，死如秋叶之静美。"面对浪漫的情怀和现实的生活，不同的人也会有截然不同的想法。有些人认为生活没有了浪漫就会像枯井，而有些人则认为没有了钱的生活就没有任何的色彩。

有这样一个故事：浪漫和现实是一对恋人。他们两人如胶似漆地相爱着，真可谓：一日不见如隔三秋。一天，浪漫突发奇想，想考察一下现实对自己的忠诚度，便问现实："你到底爱不爱我？""十二分地爱你！"现实回答。浪漫接着问："那假如我去世了，你会不会跟我一起走？"现实考虑了一下，说："我想不会。""假如我这样就去了，你会怎样？"浪漫不死心地问。"我会好好活着！"现实老老实实地回答。浪漫听了现实的话心灰意冷，深感到现实对不住自己，一气之下和现实分了手，去远方寻找真爱。浪漫首先遇到了甜言，接着又碰见蜜语，相处一年半载后，均感不合心意。过烦了流浪的日子，浪漫通过比较，觉得还是现实多少出色一些。于是，浪漫又回到现实面前，却没想到此时的现实已重病在床，奄奄一息。浪漫痛心地问："你要是去世了，我该怎么办呢？"现实用最后一口气吐出一句话："你要好好的活着！"

故事里的现实一生都活在现实里，踏实又诚恳，只是却以悲剧而收场。现实的爱深沉，没有一点花哨，浪漫却无法接受现实没有温度的话语，负气而去，最后发现只有现实才是最好的，只是为时已晚。两个生活在极端世界里的人最终没能融合在一起。

过分的现实和浪漫都是不可取的，过分的现实会扼杀激情，过分的浪漫又不切实际。要克服两种极端的态度，生活中的女人首先要分清自己是浪漫的还是现实的。

看到天空闪烁的星星，有人会陶醉于这美好的夜空，这种人应该称之为浪漫主义者；看到盛开的玫瑰就联想起它的价格，这种人通常应该是现实主义者。

生活是物质的本毋庸置疑，然而生活中没有一点情趣，把眼光狭隘地只盯在钱或权上，未免会让人觉得庸俗，生活没有追求，没有品位。当然，如果把浪漫当成生命的全部，也许只会过上颠沛流离的日子，整日生活在飘摇中，也是不明智的。

总之，面对生活，有人会对那种罗曼蒂克的生活嗤之以鼻，也有人会为生活的平庸而感到苦恼，还有人徘徊于浪漫与现实之间。"一花一世界"，"一叶一菩提"，也许我们不能对生活苛求太多，在平淡无奇的家常日子里，可能就已经孕育着幸福的滋味，生活也许少了一点浪漫，也许平安即福……

无论是恋爱还是婚姻，都要擦亮眼睛，看清现实的路，不要因贪图享乐而葬送了自己的青春；也不要因追求眩晕的感情而看不清自己要走的路。要时刻警醒自己，不要轻易被男人的金钱诱惑，也不要沉迷于戏剧中至死不渝的爱情而被男人的花言巧语蒙蔽双眼。生活本就是以平淡唱主流的，客观地对待现实，审视自己，评价别人，才不会因为内心的偏激而受到伤害。

现实是物质的，浪漫是精神的。浪漫的生活令人神往，可是现实的日子才是我们真真实实要经历的。生活不能缺少浪漫这个修饰品，但生活总要以现实为基础。当然现实也有自己的尺度，太过现实，生活就会变得死板没有生机。但如果一味追求浪漫，生活则会变得像海市蜃楼般缥缈，失去根基，也就没有了安全感。

八分的智慧：若想得到幸福，就要在尊重现实、认清现实的基础上，适当地去创造浪漫、享受浪漫。

别让幸福从我们的生活中溜走

当一个人饥饿的时候，去吃第一个馒头会感到香甜，吃第二个时候感到满足，吃第三个时候感到很饱，若给他再吃第四个、第五个便成了负担了，快乐全无。这个故事引申为人们从获得一单位物品中所得的追加的满足和幸福感，会随着所获得的物品增多而减少，这就是著名的幸福递减定律。

幸福递减定律告诉我们，同一个人在不同时间里会有不同的感受，同样的物品对处于不同需求状态的人，其幸福效应是不一样的。人们对同一事物幸福的感觉，会随着物质条件的改变而降低。

幸福就是这样，在人们没有得到幸福的时候，非常期待这种感觉，甚至感到痛苦难耐。一旦得到，幸福便会升温，当幸福感达到一个顶端时，必会如抛物线般地下落。就如在婚姻中，婚礼进行曲将幸福推向高潮，然后两个人在以后漫长的日子里逐渐啃食着有限的激情与新奇，所有的幸福便会在日复一日平淡的日子里变得平淡下来。

电影《大话西游》里有这样一段经典台词："曾经有一段真挚的爱情摆在我面前，我没有珍惜，待到失去后才追悔莫及。"抛去电影故事不说，从这句话中我们可以看到，主人公的追悔不是因为没有得到，而是幸福一直在身边，却没有发现，没有去珍惜。

婚姻给予人的幸福感也如此，在你没有得到时会时时期待渴望着，一旦得到幸福感便油然而生，但当你习惯婚姻生活后，又会忽视最初的那种幸福感。

婚姻中千万不要因为得到太多而忽视幸福，不要使感官的味蕾丧失掉对幸福的敏感。不要轻易说自己不幸福，没有感觉到幸福，往往不是因为没有得到幸福，而是你在幸福中变得麻木了。当你固执地以为自己不幸福并极力摆脱现状后，也许你又会后悔当初的决定。所以一定要理智地审视自己，千万不要让幸福从你身边溜走。

在现实婚姻里，初尝蜜月中的甜蜜时，我们总会感到无与伦比的幸福和满足。在最开始的相处过程中，夫妻双方也总是尽量满足对方的期望，花工夫来让自己的行为符合对方的想法。他们几乎出双入对，几乎形影不离，经常尽可能待在一起，什么事都一起做。这个阶段是"感情的春天"。

当婚后，最初的狂热已消失。夫妇俩遇到越来越多的是日常的生活问题，双方对共同的未来的信任也开始有所动摇。因为在这时许多夫妇看到，他们的伴侣完全不是他们初次相爱时想象的那个样子。

因此，不要一味地沉浸在最初得到幸福时的回忆里。一味追求幸福最高点时的感受，只会忽略爱人的关爱，把微小的矛盾扩大化，从而更加感受不到幸福。

婚姻是现实的，它没有恋爱时的花哨，却多了生活的责任，多了夫妻双方的亲情。若在婚姻里还一味追求恋爱时的浪漫，就会越来越不满足于现状，幸福感也会越来越弱。其实，你本就没有失去什么，你的爱人还是一样地爱你；只是每天少了鲜花，少了烛光晚餐，取而代之的是他的工资，家里的锅碗瓢盆。

有这样一个故事，一个男孩虔诚地用草编成戒指，给心仪的女孩戴上，两个人觉得这一刻就是人间的天堂。多年后，当他们人过中年、有钱有地位之后，丈夫再给妻子买多少钻戒，她都不再感到有多么幸福。那枚草戒指带给他们的幸福感觉再也没有出现。是因为钻戒的价值真的比不上草戒指吗？

其实，草的价值永远无法和钻石相比，钻石之所以带不来野草给人的那种强烈的幸福感，是因为时过境迁，他们的地位和需求都发生了变化，或者说，他们早已习惯了拥有戒指的幸福感觉，心里不再会为得到而起涟漪。

当婚姻中的两人处于较差的状态时，一点微不足道的事情可能会带给他们极大的喜悦；而当他们所处的环境渐渐变好时，他们的要求、观念、欲望等都会发生变化，同样的事物再也不能满足他们的需求，他们在其中再也找不到当初的幸福感了。幸福在现实生活中就是这样流失的。

有位哲学家曾说："每一种事情都变得非常容易之际，人类就只有一种需要了需要困难。"有了困难，才知道每一分钱来之不易；有了困难，才知人间真情是多么的温暖。在走向富裕和幸福生活的同时，请别忘记沙漠中的口渴，别忘记无鱼、无肉、粗茶淡饭的三餐，别忘了又饿又累又病的日子。只有回忆过去的苦，才知现在的甜。

八分的智慧：婚姻里的人，不是不幸福，只是得到的太多，没有意识到去珍惜，幸福是需要提醒的。因为人们常常身在福中不知福。人们经常以为已经永远失去了幸福，其实错了，幸福一直都在你身边，抓住它，别让幸福溜走。

超越期望，勿以善小而不为

把两个不同重量的物体放在杠杆上，当它们的重量与它们的悬挂点到支点的长度成反比时，才能处于平衡状态，这就是我们常说的杠杆原理。

婚姻中的夫妻之道也需要杠杆原理来进行协调。夫妻关系是一种最亲密的人际关系。聪明的女人懂得运用这个原理来处理夫妻相处关系，如何使两个独立的个体结合成一个和谐的整体，怎样营造夫妻间温馨融融的家庭氛围，这可以说是一门生活的艺术。

阿基米德有一句名言："给我一个可靠的支点，我就能撬动地球。"婚姻中幸福的支点，有时候，就是一颗关爱、体贴的心。只有这样，才能维持婚姻的协调平衡。

要想保持婚姻的协调平衡，就要做到将心比心，以心换心。某种程度的交换，主要是心理方面的交换。如果多想想："他（她）待我这么好，我该为他（她）做些什么呢？""我希望在家中感到愉快，那么怎样也使他（她）愉快？"如果能经常地自觉地问自己这些问题，夫妻关系就会更上一层楼。

要想维持婚姻的协调平衡，就要懂得付出。爱对方，并不是从中得到什么。不少夫妻总是错误地认为："无所谓啊，都已经是老夫老妻了"。所以，在日常生活中把夫妻间关系形成单向的，有来无往的，很多时候事情到了不可挽回的地步，才知道问题已经发生。据有关调查资料表明：有80%婚外性关系的发生是与夫妻间双方没有充分感情交流有关。既然爱着自己的恋人，就不要吝啬于一点点的付出。有时候一件适宜的衣服，一餐精美的食物也能让对方真切地感觉到自己的用心。

要想维持婚姻的协调平衡，就要与爱人保持步调一致。女人在婚姻生活中，要有意识地和爱人的步调保持一致。如果说夫妻间完全没有差异是不现实的，因为有些差异确难避免，有些人轻视这些差异，却造成了他们家庭的解体的导火索。

如果在承认差异的同时，夫妻双方还得学一点差异转化的本领。每当两人有步伐不一致的时候，马上警觉到这种变化，比如一方平时喜欢打篮球，可以尝试去和他一起看球赛，另一方喜欢流行歌曲，他陪你看演唱会。你会发现生活变丰富了，既能满足享受于自己那份爱好，又多感知了从对方处获得的另一片天地。当老公闲时会哼哼流行歌曲，而自己还能够如数家珍地说出大牌球星的名字，这种既独立，又互补的日子，不禁让人由衷地感慨：结婚真好！

丽君结婚 7 年了，都说婚姻有七年之痒，可恰逢结婚 7 年的丽君却一点也不担心。她道出维持婚姻幸福的秘诀：我和他永远保持步调一致。

丽君举了个发生在生活中的，卜细节：一个周末下午，她在拖地，而老公正在电脑上斗地主。拖地至电脑桌前，丽君想让老公挪位子。输了几局的老公似乎寻找到了转败为胜的机会，兴奋地喊着："这把准能赢！"丽君催了几次，老公仍无动于衷。看着兴奋如孩子般的老公，丽君放下拖把，凑到他面前去观战，为他加油。结果，老公真的赢了，还兴奋地吻了她。老公主动提出，要丽君再陪他斗几局地主，然后他再帮丽君拖地、做饭。

显然，丽君选择不发脾气，不逼老公配合她，而选择了和他一起分享他的快乐的做法是很有效的。如果当时硬碰硬，他们之间必定爆发战争。聪明的人要学会在婚姻中换位思考，多从对方角度出发，适当时候做出让步。

要想维持婚姻的协调平衡，还需要言语上的配合。

首先，平淡的生活偶尔也需要点甜言蜜语来调味一下。很多夫妻结婚后总感觉生活中缺少点什么，天天腻在一起，生活日渐平淡，两个人彼此不再有新鲜感。难免一方闷闷不乐地诉说："我老婆结婚后变得不再体贴，每天在我耳边吵吵，真快受不了了。"要知道，这时最容易给"第三者"可乘之机。要想平衡恋人的这种心理倾斜，就要少些唠叨，多些甜言蜜语。比如，当老公忙了一天下班回家后，你不妨关心地问一句"今天你辛苦了。"对方当然能听出你的关爱与体贴。正所谓"一句好话暖三冬"。婚姻生活里，甜言蜜语是少不了的感情催化剂。恰到好处的运用会让你们的夫妻感情更加融洽。除了甜言蜜语外，夫妻间不妨使用幽默、开导、劝解等办法来解决双方的问题，总之不要让争吵声进入你们的生活。

此外，也需要适时的沉默。现在大多数进入二人或三人世界的家庭，拌嘴不断，矛盾时有发生。当矛盾激化时，适当保持沉默，总比大家拉开喉咙大声吵嚷要好，家庭生活有些矛盾总不希望张扬，与其双方大声争吵，还不如不说话，暂时沉默为好。有的时候，只有在沉默之中，夫妻双方才可能冷静下来，去沉思和反省自己。当然，沉默的时间不能长久，要想到打破沉默的局面。双方的气量都要大一点，要争取主动，主动一方并不等于有错。

八分的智慧： 构建和谐美满的夫妻关系，是家庭生活成熟的表现。在婚姻中若想做一个聪明的女人，就要学会用最小的力来支起最幸福的家。勿以爱小而不为，相信一点一点的关爱，一点一点的理解也具有强大的力量，强大到能支起整个幸福的婚姻，让你的婚姻生活协调平衡！

夫妻也要善于向对方表达爱

的确，爱的表达方式非常重要，那么，怎样才能使你发出的爱的信息一下抓住对方而不至扫兴而归呢？

（1）表达时机要恰当

爱的表达应基于感情的发展程度，表达早了可能会因为不成熟而遭到回绝，断送前程；表达晚了可能坐失良机，使爱神从身边溜掉。什么样的时机最合适？如果你从同事、朋友中看中一个人，想说出"我爱你"，一是要看看你的爱是否确实到了真诚、热切的程度；二是充分考虑一下对方是否能以爱回报你，不知道或信心不足，可以先做些了解。如果属于经人介绍而相识的，说出"我爱你"往往在交往一段时间以后，这个时机应该选在双方心情良好、情蜜意浓的时候。这样，你一言即出，就会得到对方的响应。

（2）表达方式要含蓄

表达爱情，千万不能在大庭广众，高声厉言，直来直去。表达爱情之时，不论是女性还是男性，毕竟都会带些羞涩；向对方求爱，还要给对方留下考虑的余地。因此，含蓄的表达，对于求爱者和被求爱者都是合适的。像皮埃尔·居里向玛丽亚的求爱，就是非常含蓄的。还有如电影《归心似箭》中，玉贞爱上了在她家养伤的抗联战士魏得胜，一天魏得胜抢着帮玉贞挑水，玉贞深情地说："好，让你挑，……给俺挑一辈子。"含蓄地表达爱慕之情，是我国人民的传统美德。它给爱情的传达增添了柔情和蜜意。但应注意的是，不能把含蓄当成含糊、含混，这样的"含蓄"表达不清，表意不明往往达不到预期效果。

（3）表达态度要坚决

要想抓住对方，使之喜欢你，你自己的态度首先要坚决，使对方相信你的爱是坚定的、成熟的，自古以来，情场上就有一个动人的词：海誓山盟。海誓山盟就是男女相恋时表达对爱情的忠诚，往往以大海高山相比，以示坚定不移。

（4）表达方法要灵活

传情的方法多种多样，不拘一格，如以言传情，以物传情，以信传情，通过中间人传情等等，用哪种，要根据对方的性格、气质，根据环境、时机而定。总的原则是，你选用的方法，应有利于使对方接受，抓住对方。如平时就在一起工作，但因为对方不喜欢交际，不善言谈，那你就可以先给他（她）写封情书以示心意。

八分的智慧：表达爱意一定要注意一个度，太过火了，容易把别人吓跑。结果弄得自己很尴尬，再找到一个场合和方式就比较难了。

要学会与爱人相互支撑

每一对夫妻都有自己的苦衷，他们必须分担痛苦，同舟共济。历尽磨难有助于夫妻关系更加密切。婚姻是一个相互支撑共同面对生活的问题的过程，你的技巧越高明，你的生活就越美好。

即使在最美满的婚姻中，夫妻感情也是有起有落的，既有稳定的时期，也有紧张的时刻。婚姻需要相互支撑。

第一，学会面对生活的现实。

两人结婚并不意味着从此万事如意。两年以前结婚时，A曾抱有类似的幻想，她以为每天晚上丈夫回家时都会使她笑逐颜开。她没有想到要对付卧室里的烟灰，要用他那种方式挤牙膏，还要为双方家庭的一些事而争吵。

当他们第一个孩子出世时，她本来期望丈夫是个模范父亲，谁料他认为照料孩子是女方的事。她希望他能使自己轻松愉快，可他把业余时间全都消磨在消遣娱乐上了，她感到委屈。几年以后，他才意识到做父亲的职责不仅仅是为家里挣钱。与此同时，她也不得不逐渐成熟起来，生活开发了她的才能。

大多数人在结婚时都抱有一些不切实际的幻想，他们指望对方来照顾自己。一个主要的幻想，就是以为在婚姻关系中，一切都是顺理成章的，而事实上并非如此，你必须通过努力和学习才行。

第二，学会付出。

付出是幸福而长久的婚姻的基础。没有这一条，人们就无法生活在一起。

的确如此，只享受权利而不愿承担义务不愿付出的人是自私的，这种人的婚姻也必然是短命的。

第三，理解对方。

夫妻之间的不统一是常有的。那么双方就应该有改变的愿望，这种愿望能帮助夫妻俩得以互相适应。双方要学会容忍对方的脾气，一方也要克服自己令人不快的一些性格。例如丈夫不愿去参加社交晚会和聚餐，妻子不得不单独前往。经过数年适应以后，丈夫变得比以前善于交际了，而妻子也学会了高高兴兴地单独去参加某些活动。

第四，合理处理冲突。

对待冲突时要以理服人。"我们避免使用那些事后令人后悔的、过激的言辞，也避免因一些小事而耿耿于怀。在 4 年的婚姻生活中，我们只有两次是气冲冲地上床睡觉的"，一位妻子这样说。

尽量少去责备对方，否则"那只会使对方产生抵触情绪，不愿再听你讲话"。那些用建设性的态度对待冲突的夫妇是这样说话的，"我觉得有点问题"，而不是说"这都是你的过错"。

第五，婚姻中的相互支撑是很重要的。

我们可以看到许多夫妻，结婚数年后，觉得生活异常平淡。其主要原因是，生活早已安定，只要每天努力去工作就可以保持一定的生活水平，因而往往没有更多的追求，令人感到一切都几乎是静止的。如果尝试改变一下，例如重新定下一些共同的目标，双方朝着一个方向努力，生活就不会显得那么平淡了。共同制定家庭大计，对夫妻都能起到很好的激励作用，可使双方都对生活充满新的希望，生活的动力又有的话，快乐也随之而来。

夫妻的共同兴趣也很重要。长期性的共同兴趣或爱好，不但可以使双方经常得到共同生活的乐趣，而且可以增强感情的联结。虽然有些婚姻专家认为夫妻之间的共同兴趣，并不是最重要的。但无论如何，我们不能否认夫妻具有共同兴趣的好处。

当然，培养共同兴趣并不容易，没有学习的勇气、没有互相配合的耐心，是很难取得成功的。例如：打网球，擅长的一方，总得耐心地教；而另一方，就要大胆和努力地学，长期努力的结果，不少事情都可以成为双方共同的爱好。在宁静的家庭生活中，时而增加一些体育活动或娱乐活动，一个家庭就有生气得多了。

八分的智慧：记住，十全十美的婚姻在这个世上是不存在的，也没有一对夫妻能在所有方面都永远是无可挑剔的。长久的婚姻不能纳入某一种固定的模式之中。所以，无论是吵架还是冷战，都要掌握好火候。服软并不是下贱，恰恰是一种尊重，对婚姻的一种尊重。

第十章

情场得意须防过犹不及

抽点时间与爱人交流思想

结婚之初，人们大都热衷于自己的小家庭，社交活动也随之减少了。

然而生活中若只限于夫妻两人的活动，日子久了自然会缺乏新鲜的力量。丈夫或妻子若都能从封闭的小家庭的生活圈子中解放一下，适当追求婚后人际关系的新经验，比如不时能与数对友好的夫妻和家人聚会，或结伴出游，无疑是为婚姻生活的幸福添加了催化剂。对于一些较传统或心胸狭窄的配偶，在对方与异性朋友交往时，往往因为不放心而加以反对。有的人甚至一结婚就向对方约法三章，不准与异性来往，这必然会造成家庭矛盾，导致夫妻感情出现裂痕。

对此一方面多结交些共同的朋友，更重要的是信任支持，让对方与其他的一些异性朋友保持正常的个人友谊。

平日的交谈，让对方了解自己的想法、观点或苦恼。

有这样一个例子，丈夫是一个沉默寡言、不易动感情的人。但是如果妻子揭他的短、触痛他时，他也会暴跳如雷。丈夫觉得男子汉不应该感情外露，而他的妻子却极希望交流思想感情。为了使丈夫表达出一点感情，她使用恳求、说理、哄骗等手段，最后甚至严厉训斥。妻子向别人诉说丈夫一点也不关心她，不与她分享喜乐，分担忧愁。丈夫则说："你知道我为什么显得冷淡吗？为什么对你的要求不感兴趣吗？我也有要求，比如：上星期天晚上，我告诉你六点前一定要准备好晚饭。你忙东忙西，直到6点20分才做好饭。为我做事，你总是磨磨蹭蹭的，而为你自己做事总是那么快。还有一次，我告诉你看完电影要快点赶回家，因为有一个同事要来找我。你却与一个熟人在电影院门口高兴地聊起天来，没完没了催你走，你还说：'等一会儿。'还有一件事，你老是怪我不整理书桌。唠叨起来没完。我不想花时间去整理书桌，想整理你就整理好了，我不管。"丈夫这么一说，妻子哭了。过了一会儿她说："我说过你的书桌不整齐，但我不记得你要赶火车，要赶回家的事嘛。"丈夫仍在气头上："当然记不得，我不与你同喜共乐，你就这样对待我。好，我现在就和你分担忧愁。其实我只有忧愁！"

有时候妻子想要一个热情的、有反应的丈夫。而现实的丈夫却是一个安静的、不易动感情、不会表达心灵深处感情的男子。妻子极力要丈夫学会交流感情以满足她的需求。

丈夫却需要妻子来满足他的需求。但是，由于妻子的要求未得到满足，结果她便潜意识地与丈夫不一致，对丈夫的要求充耳不闻。矛盾由此而出，日积月累，婚姻趋于灭亡。

离婚是一种解决的方法，但对有些婚姻不是好方法。较好的方法是：夫妻双方停止向对方索要，而集中力量努力去满足对方的需求。爱情心理是这样的："让我努力来满足你的需求。告诉我你想什么，你要什么。我将尽力去做。如果目前我还做不到，我将耐心地解释原因。但是无论如何，我将竭尽全力满足你的要求。"

在家庭生活中做家务是难免的。夫妻要合理安排，共同承担家务劳动。如果双方在家的时间是相等的，应该做一下分工。如果一方在家时间长而另一方在家时间短，一方干得多，另一方也应干点力所能及的事情。切忌一人在忙碌，另一人在旁边"观风景"。

经济问题是每个家庭天天都遇到的问题。家庭经济公开，财务协商处理，是解决家庭经济问题的有效途径。家庭生活开支，应根据收入水平，选择合适的消费档次。要给双方留出零花钱，零花钱可以自行安排。

在婚姻生活中，丈夫妻子应该很好地了解对方的气质，原谅对方的弱点，善于适应对方的个性。

夫妻中的每一方都可能有思维、行为、表达感情、待人接物的个性。有时候对于双方来说，要适应对方的个性风格有些困难。

我们知道个性具有刚性的特点——个人始终不渝地保持自己的伦理观、人生观、世界观和其他一些观点以及自己刻板行为模式的一贯趋向；习惯、思维方式、解决各种生活问题的方式特别根深蒂固。

与之相反的是一个人的神经系统的可变性、活动性、可塑性，改变工作、住处、习惯、见解、观点的很大灵活性，似乎就是决定个人行为风格的上述最重要特点的对立物。

两种相反类型的人，他们可能成为夫妻。在这种情况下，夫妻之间似乎在互相补充，而且这种补充往往是卓有成效的。

如果夫妻双方同属一个类型，比如两人都是刚性的，就是说，他们保守，观点、习惯、嗜好很古板，这时就会出现另一种情况了。显然，他们在生活中将遇到同一种困难，并认为这些困难是无法克服的。

心理学家指出：很难确切地说，在什么生活情况下，性格相同是必要的，什么时候性格的互为补充是必要的。重要的是夫妻互相适应的程度和他们彼此间合作、协作、互相理解和互相帮助的程度。这是夫妻关系稳定的基础之一。

重要的问题在于适应夫妻的个性特点，这常常决定夫妻生活的和谐与否。哲学家说树上没有两片相同的树叶，而我们也可以说世上没有相同的两个人。夫妻共同生活的关键在于认识对方的全部个性和心理特点，学会生活，学会寻找乐趣，同心协力，互相帮助，互相谅解。

爱，远不止是情感，它还包含一系列的责任。只有你重视你的责任，双方关系会有和谐的统一。

夫妻一方所要说的事或许对另一方来说不重要，但是它将对夫妻中的一方很重要。爱意味着能够注意倾听。

爱意味着关怀对方的康乐。即使你的需要未被满足，不要强求，也不要责怪，而要努力去满足对方的需要。爱情唤来爱情，怨恨带来敌意，冷落招致拒绝。

由于夫妻总有不相容的地方，因此，在极密切的婚姻关系中，很明显地需要一种长期的、令人愉快的妥协。不要把调和认为是"屈服"，只有不成熟的人、孩子气的人才期望自己的全部需要都得到满足。

我们遭到攻击或者受到批评时，会本能地保卫自己或者反击，这对婚姻关系是不利的。我们每个人所拥有的权利实际上是一种责任，让对方知道自己对某事的看法，让对方知道这些事在我们心中的位置。而指责别人，使别人处于错误的位置上，效果就不太好。我们应放弃评论、批评、攻击的口气，而采用亲切的口气。如果你未感觉到爱便诉苦，这样做不会使你变得可爱。

夫妻切不可争斗，尤其在公共场合，夫妻更不可争斗。

成熟持久的爱情之中不存在控制、改变对方的念头，成熟持久的爱情之中没有防线，不轻易发生动乱。这种爱意味着努力满足对方的需要。

家庭是在相互支撑中存在的，能明白自己对另一方的责任，给予理解和支持，生活才能和谐，才能美满。

　　八分的智慧：学会谅解人，不要老是刨根究底，顽强地追究过去，不依不饶。"犯错误的是人，谅解人的是神。"谅解人是高尚的行为。忘记创伤不容易，但是为了内心的安宁和协调，我们必须付出代价。爱不仅是感情，它还是行动。谅解就是爱的行动。然而，谅解也是双方的事。

与你的爱人一起分享人生

在没有爱的婚姻中一方总是对另一方有所期待，有所要求，双方都试图去控制对方，这样婚姻便成了相互之间争夺权利的砝码。其结果，不是你奴役别人，就是你成为别人的奴隶。在这种奴役关系中，一个人成了看守，另一个人成了囚犯，所以，双方都是受害者，只是程度的不同而已。婚姻，就似一座生活监狱，充满对对方的不满和指责。控制、占有、嫉妒，以及其他各种各样的毒素都在摧残着婚姻。由此看来，多一点爱，把爱情当作一种生存状态，它就不是一种世俗的东西，而是一种具有了神性的东西。

婚姻在罗马人的定义中是"终生分享命运"，夫和妻叫作命运的分享者。婚姻，只是要求男女之间互相分享彼此之间的喜怒哀乐、酸甜苦辣。除了分享之外，它不要求有任何其他的回报。它不制造任何监禁，它不创造任何锁链，既不允许别人监禁你，也不允许你监禁别人。实际上男女双方爱得越深，彼此之间的自由也就越多，互相的期待、要求、控制、束缚也就越少。由此看来，幸福的婚姻是最低程度的融合加上最高程度的自治和独立。明智的夫妻都力图使对方保持自然状态。既然你选择对方，就应该让对方保持自己的个性，发挥他自己的特长。

爱使得本来是彼此分离的青年男女重新结合成一个整体，他们总是只有在对方身上才能找到自己。所以，一位哲学家说："所谓爱，一般来说，就是意识到我和另一个人的统一，使我不专心自己而孤立起来；相反地，我只有抛弃我独立的存在，并且知道自己是同另一个人以及另一个人同自己之间的统一，才获得我的自我意识。"相爱的两个人首先在精神上必须融为一体，你中有我，我中有你。两个人生活在一起，是因为有爱，而不是因为安全，不是因为经济上的支持，不是因为其他任何理由。

如果两个彼此相爱的人被孤立起来，他们会觉得生活是残缺不全的。他（她）必须在另一个人身上找到自己，从别人身上获得对自己的承认。爱默生曾经写道："一般来说，一生中最快乐的时光是在恋爱阶段度过的。爱情、欲望、希望以及精神上所有最美好的情感，都是在恋爱中产生的。"婚前的这段恋爱时光往往是最为快乐的，热恋中的青年男女，总是喜欢在花前月下卿卿我我。

虽然恋爱十分令人愉悦、快乐，但是，生活伴侣的选择毕竟是人生的关键。正确的选择不应该取决于一次彼此之间的对视，或者脸上所洋溢的玫瑰般的微笑，或者对视时从明亮眼神中碰出的火花。

生活对婚姻双方来说都是真实的、诚恳的。生活不是所谓的灰色浪漫。男人们有这样的经历，他们需要的不是一个宠物或玩具，而是一个女主人。当男人失业时，或者遇到经济逆转时——事实上，他处在"最倒霉的时候"——他最需要的女人是：坚强、热心、爱心和同情。在危险的时候完全依赖自己，这是一种错误的想法。

爱的力量是十分巨大的。它可能是你生活的发动机，灵感的催化剂。真正的爱情，会使人朝气蓬勃，精神倍增；会使人热爱生活，追求真理，崇尚智慧。爱情与美德、知识是联系在一起的。诗人勃朗宁说过："爱情产生智慧。"生活会因为爱情而得到升华，变得纯洁。

在人生中，妻子是青年时代的情人，中年时代的伴侣，暮年时代的守护。当一个男人娶得一个妻子时，他就是接受了大自然的一份最伟大的恩赐或者是一个最大的隐患。成千上万的男人将他们的现有地位和成功都归功于他们的妻子。除了对孩子的重大影响，她们对丈夫和家庭的作用是不可估量的。

让你的家庭充满爱吧！

八分的智慧：婚姻是两个人的事情，双方都不能控制欲太强，也不是你一个人就能控制了的事情，去努力挽回婚姻是正确的，但刻意追求结果那就是不对了，对于婚姻的维护要靠爱去呵护，讲究无愧于心就可以了！如果控制欲望太强，恰恰不是证明对对方深厚的爱情，只能证明自己的无情、狠毒、自私和懦弱！

第十一章　商场竞争讲究适可而止

商场竞争最终的路还是要回到质量上来，就像美国的 NBA 篮球赛，竞争最后的结果只能是谁防守得最好，谁就会取得最终的胜利。而且强中更有强中手，你如果不见好就收，一味地与别人竞争，最终只可能弄得两败俱伤。

把你的心机用在对的地方

心机其实就是聪明、智慧的原型，正是每个人行动力的基础，也是竞争力的指标，更是做人做事是否圆满、漂亮的依赖。

美国作家埃默森曾说："成功者并非比失败者有脑筋，只不过他们比失败者多了一点心机。"

的确，在人性的这条高速公路上，"心机"绝对是让你避免受重伤的"安全气囊"。

其实，有心机，并不是一件不光彩的事，重点是你如何将心机用在正确的时机。

背后被人指指点点，说是"心机重"或"心机深沉"，表示这个人心思复杂，甚至是阴险、奸诈、阴阳怪气、捉摸不定，让人敬而远之！

如果被人认为"没有心机"，就表示这个人心思单纯善良，不记仇、不记恨，好相处，没压力。

"心机"这两个字凑起来，似乎不是个好字眼，让人马上浮现小人、算计等负面的联想。事实上，"心机无罪，算计有理"！心机，不过是做人做事的一种盘算，可以说是聪明、智慧的另一个代名词。

在"心机"的光谱上，凡是说一套、做一套，表里不一而且喜欢来阴的，从背后吃人的，概属"心机重"的族群。

这些人，有些天生就是一副獐头鼠目模样，虽然惹人厌，却不难预防。有些则是一副道貌岸然的君子模样，令人防不胜防，甚至让人吃了亏，还要向他道谢。

这些"心机"的重度使用者，尽管人人讨厌，却能将人耍得团团转，让人起戒心，当然不能说没有几把刷子。

在光谱的另一端，就是属于"没有心机"的族群。这种人，说好听一点的是生性淡薄、不与人争，是个好好先生。不过，要往坏处想，就难免有点随波逐流，甚至是不分是非的"烂好人"了。

没有心机的人，或许比较不容易招惹是非，不易成为别人的假想敌，但却是有心机的人最佳的利用对象，也往往是"心机大战"中，交战双方最好的攻防跳板。或许，"吃亏就是占便宜"，但要在复杂的环境中永保安康，恐怕需要的是一点运气了。因为没事就好，一旦有事，这种单纯的人，通常受伤最重。

事实上，人既然号称是聪明的动物，每个人的脑袋瓜里，就不可能没有心机。也可以说是，心机人人都有，只是轻重深浅各有不同。

除非一个人的心智有问题，或者是自愿过着一种随波逐流、靠运气度日子的生活，否则，即使想要过一种自得自足、与世无争的日子，都仍然需要高度的心机运用，才足以高枕无忧。所以严格说来，有心机，并不是一件坏事。

心机只要用对地方、用对时机，就可能博得机灵、睿智的美名；一旦用错地方、用错时机，骂名当然跟着随之而来。例如，被指为"心机重"，便是一个失败的例子，证明自己做人失败，聪明智慧有待琢磨。因此，在运用心机时，必然需要有所为而为，不该计较的时候，就不能费心盘算。

法国思想家鲁索曾经写道："禽兽根据本能决定取舍，而人类则通过算计来决定取舍。"

八分的智慧：过度使用心机，想得太多、想得太美，或者是用错时机、用错地方，必然是成事不足，败事有余。即使能侥幸获得短暂成就、一时满足，终究是白费心机，很难长久；万一因此信用破产，恐怕就更难翻身了。

磨砺自己的嗅觉应对危机

"山雨欲来风满楼"，人类可以利用大自然的信息，来应对大自然的变化或预防灾害，同样的，也可以利用人性的习惯，来应对人情世故，或作为"斗智"的依据。不过，这些都需要经验，也需要过人的智慧；生存的道路并不平坦，如何平安发展，进而保身、避祸，或许都需要一些"敏锐的嗅觉"吧！

改朝换代当然是一件大事，尤其对于一些平日就有些影响力的人而言，如何读懂新皇帝的心思更是至为重要。

话说明太祖朱元璋刚刚建朝不久的时候，江苏嘉定地区有个富豪名叫万二，天生就是一副"顺风耳"的模样，机灵得很；面对着如此巨大的政治变动，尽管"马照跑，舞照跳"，衣食无缺，但对于新朝的政治动向，却不敢大意，早就竖起鼻子、拉长耳朵，注意任何的风吹草动。

有一天，一位刚从京城回来的朋友来访，他便抓着机会，请这位朋友说说在京城的所见所闻。

朋友兴冲冲地说将起来，万二当然是听得津津有味。说着说着，客人还说起，最近京城流行一首据说是皇帝朱元璋自己所写的诗，京城人都觉得很有趣，于是便顺口吟唱起来："百僚未起朕先起，百僚已睡朕未睡；不如江南富足翁，日高五丈犹披被。"

意思是说，皇帝天天做苦工，比文武百官们还要晚睡早起，与江南富翁们的舒适生活，更是没得比。

这首皇帝自我叹气的"苦命诗"，说起来煞是新鲜有趣，但听在万二耳里，却有些毛骨悚然。听完之后，万二脸色大变，心中大感不妙，暗自感叹地说："或许，大祸即将临头！"

朋友谈兴还浓，没有结束的意思，万二却已经坐立不安，什么有趣的话题，听起来不但索然无味，还觉得多余。急急送客之后，万二二话没说，便立刻进行逃命计划，除了迅速将家产托付给仆人管理之外，还马上找人买了一艘船，带着细软、载着家人远走他乡，避祸去了！

就在万二隐姓埋名、避居山林不到两年之间，众多江南大族的家产果然陆续遭到毒手，没收的没收，抄家的抄家！很少人能够像万二这样幸免于难，得到善终。

一首诗，流露的是皇帝内心的羡慕，还是嫉妒？是自嘲，还是不平？万二基于对朱元璋处世风格的了解，或许，他深信一个满脑子心机、权谋的皇帝，怎么可能坐视在他的江山还未稳固、百事待举的时候，居然存在着一群腰缠万贯、生活富足的人，比他还逍遥呢？

"春江水暖鸭先知"，万二不是鸭子，却能事先嗅出大祸即将临头的讯息，这就这是"政治嗅觉"敏锐吧！

孩子做错事，知道难免会被父母责骂、处罚，买卖股票的人，遇有国际大动乱，便料定股票会大跌，诸如此类的判断都是很直接的经验法则，但是，要从一大堆不相干的讯息中，察知风云即将变色，这就需要超越常人的"智慧"了。

玩政治要有"政治嗅觉"，做生意要有"供需嗅觉"，求学问要有"问题嗅觉"，谈恋爱要有"感情嗅觉"……

如果把香的闻成臭的，或者是把臭的闻成香的，那铁定"牛头不对马嘴"，吃亏在眼前是必然的下场。至于如何从不明显的味道中，嗅出真实的成分，就需要真功夫了。

什么是"嗅觉"？除了得之于本能、天赋之外，恐怕就只有求之于对人性的通透了解！

人性其实就是智慧的锻炼场。

八分的智慧：越是在顺风顺水的时候，越要察觉到此中的危险。上述故事说的就是一个人的生于忧患、死于安乐的生动写照。人生如此，商场何尝不是如此？一个人太顺的时候，能够察觉到此中的危险多么不容易！现今的国美电器的黄光裕，是否太顺利了呢？

任何时候眼光都很重要

世间的人情、事理都有一定的"轨迹"，并且不断在生成演化之中。一般人也都有掌握这种轨迹的能力，只是或多或少，或通透或肤浅，程度各有不同。

所谓高明、有智慧的人，不过是具有较能精确掌握这种轨迹能力的人。能够见人所未见，甚且能够创造形势，以利于自己的未来与期望。而平凡人之所以为平凡人，就是因为对于轨迹充满片断之见，或者常常错误连结，以至于少能"漂亮"演出，做出"精彩"判断。这虽然无伤大雅，却往往使人沦为"智慧"舞台的观众。

以下是战国纵横家苏秦"妙算"未来的精彩故事，读来似乎有些神奇。

大家都知道，苏秦和张仪都是鬼谷子的学生，而且苏秦要比张仪还要早出道。话说苏秦提出"合纵"之策，取得了各方诸侯的信任，身挂六国相印，声名显赫的时候，张仪却还是个默默无闻的穷书生，尽管如此，在苏秦的眼中，张仪绝对是个不世出的人才，迟早都会冒出头来。

在苏秦声望如日中天的时候，唯一担心的是秦国这个难缠的国家，为了避免秦国离间各个诸侯，破坏他苦心经营的六国联盟计划，苏秦可以说是绞尽脑汁，最后决定运作一个人去当秦国宰相，以利于操控，而张仪便是他心中的最佳人选。

当然，这种预先"埋暗桩"的做法并不容易，必须有精妙的安排。于是，苏秦先派人去游说张仪，让张仪为了功成名就，而主动来求见他。结果，张仪真的来到了赵国，想要求见苏秦。

在苏秦的布局中，他事先交代守卫，不要为张仪通报，但也要想办法不要让张仪马上离开。

经过几天的冷处理，苏秦才让张仪见到自己。但是，见面时，苏秦却又故意摆高姿态，一副爱理不理的模样，让张仪在堂下如坐针毡；到了吃饭的时候，苏秦更随随便便地吆喝他去跟奴仆坐一块儿。

眼看张仪快要气炸了，哪还吞得下一口饭，苏秦立刻再将激将气氛拉到最高点，以很不屑的口吻对他说："以你的才能，竟然贫困、卑贱到这种地步，实在是难以想象。"而且还火上浇油地说："以我目前的身份地位，当然有办法一句话就让你马上富贵临门，但是看到你现在的样子，我认为实在不值得我这样做。"说完，便下逐客令，要张仪立刻滚蛋。

经过这一番羞辱，张仪当然是气得说不出话来，恨不得马上给苏秦一刀，不过理智告诉他，君子报仇，三年不晚，心想只有秦国才有办法制服赵国，于是便打算进入秦国寻找机会，以便他日报苏秦一"辱"之仇。

就在张仪气冲冲掉头走人的时候，苏秦早已安排好，向赵王请求配合，让他的一名亲信跟随在张仪左右，而且还送了一套车马和很多金钱，方便张仪四处打点。

就这样，张仪很快地便见到了秦王，没多久之后，也如愿以偿地得到了礼遇与信任，而且还进一步讨论到如何攻伐诸侯的策略。

这个时候，苏秦派来的那名随护，觉得任务已经达成，便向张仪告辞，准备要回去赵国。

张仪不舍地说："我靠你的帮忙，才有机会出头，正想要报答你的知遇之恩，为何现在就要回去呢？"

这名随护随即回答说："我并不了解你，了解你的是我的主人苏秦。现在老实告诉你好了，苏秦是因为担心秦国攻伐赵国，破坏他的合纵之策。更重要的是，他认为你具有足够的才识，可以掌握秦国的大政，所以才故意激怒你，让你投奔秦国。而资助你的那些钱财，也都是苏秦吩咐的。现在，我的任务已经完成，要回去交差了。"

张仪这时才恍然大悟，并感叹地说："我被苏秦掌握在股掌之间，却不自知，显然我的才能并不如苏秦，如何打得过赵国呢？"

张仪便要这名随护，回去后代他向苏秦表示感谢，同时捎了口信向苏秦保证，在苏秦担任赵国宰相期间，秦国绝不攻打赵国。就这样，在苏秦担任赵国宰相期间，张仪果然都未曾计划攻打赵国。

苏秦是否真有如此"通天本领"，将世局的"轨迹"掌握得如此精准，几近左右历史的走向，不无疑问，但他这段识人、识才的故事，的确发人深省。

大人物，做大人物的事，平凡人走平凡人的路。人世间的是是非非、因因果果，尽管错综复杂，却也不是毫无轨迹可寻。

当然，如果不用功，凡事总是抱着水来土掩、谁怕谁的老大心态，根本是一种偷懒、鸵鸟的行为，如此，常常跌得鼻青脸肿，也不是一件令人意外的事。

八分的智慧：如果愿意费心体察，或许就容易看得见它的细微之处，或者是隐而未发的轨迹；而掌握得愈深入、愈贴近，也必然较有趋吉避凶或主宰未来的能力与机会。

即使大棒也要加点胡萝卜

面对顽强的对方，当然得先来个下马威，否则，想要让人乖乖就范，恐怕就不太现实了。

虚张声势是实力不足的人试图逆中求胜时常用的方法，守强示弱则是有实力的人避免树大招风的法宝。

在人生的很多的战场上，如果实力不足，让人看破手脚，就很容易遭到对手长驱直入，瞬间被消灭。如果实力强劲，成为各方锁定、提防的对象，就容易让对方提高警觉、集结力量，成为众矢之的。因此，何时示强，何时示弱，是一门需要审慎斟酌的战术。

岳飞奉命到岭南去招安盗贼，朝廷的政策是，希望盗贼们能够主动投降，但是，岳飞费尽唇舌，威逼利诱，贼头曹成硬是不理不睬。岳飞无可奈何，于是就上书，向朝廷建议说："盗贼在力量强大的时候，必然信心满满，不可一世；通常只有在力量虚弱时，才有可能接受招安。现在的情况是盗贼还有些气势，如果不加以围剿，他们是不可能投降的，所以招安政策，并不可行。"

朝廷同意岳飞的主张后，岳飞便挥兵向贼营挺进。就在双方正式交战之后，官兵抓到了一名曹成派来的间谍；因为久攻不下，正在苦思对策的岳飞，此时灵机一动，马上吩咐部下将间谍绑在主师军帐的附近，好让间谍听得到岳飞与将领之间的谈话。

在这场只演给间谍一个人看的戏中，岳飞故意与押粮官在言谈之间说一些"军粮已尽，该如何是好"之类的话，然后，还假装与其他将领谈到因为战事不顺，部队准备暂时撤退的计划。

戏演完之后，又故意让间谍有机会逃跑。

几天之间，部队按兵不动，官兵们正感到奇怪。这个时候，岳飞估计间谍应该已经带着假情报回到了贼营，于是，就选择一天夜晚，下令全军整装，摸黑急行军。天还没亮，大军已经偷偷绕过山头，兵临贼营。贼众们因为假情报，而松松散散，毫无戒备；当发现官兵来袭之后，顿时大惊失色，措手不及，纷纷仓皇四散逃窜，简直是溃不成军。

接着，岳家军又连续破了好几个贼众的主要据点。看看贼众的气势，已经不构成威胁，岳飞这才又上书表示，现在正是招安的时候了。

而接下来的招安行动，果然就顺利多了。

八分的智慧：我们常常听到"吃软不吃硬"这句话，这通常指的是一种不服输、不受威胁的态度或气概，表示愿意坐下来好好谈谈就接受，如果想用武力威胁就免谈。不过，这种态度，通常要有实力做后盾，再不然，就是尊严摆第一，有宁死不屈的气魄。可是，一般说来，大多数应该都只是摆摆"架式"而已。尤其对一些有所凭恃，自认有些筹码的对象而言，真要跟他来软的，跟他好好谈，不先给一点颜色看看，给点厉害瞧瞧，怎么可能与你和颜悦色地坐下来谈。也就是说，在现实的人生中"来硬的"才是真正有效。这正是岳飞反对空口就想招安，主张"强硬哲学"的原因了。

将计就计也要有一个度

利用冠冕堂皇的理由，以退为进，化解危机，靠的是沉得住气；如果沉不住气，恐怕就只有叹气的分了。

直来直往，说好听点是豪爽，说不好听点则是没大脑，甚至是有点"成事不足，败事有余"的意味。

人们彼此间的交往、应对，如果没有考虑到对方的感受，照顾好彼此的情绪，任何一种良善的言语与动机，都可能会被看做是来者不善、别具用心，而引发直接的反应，或种种节外生枝的不愉快。

尤其是要指出别人的不是，或者是纠正对方的缺点时，某种经过"糖衣"包装的拐弯抹角，显然会有更好的效果。

不具有攻击意图的交往是如此，那具有攻击性的攻防呢？

不管是有心要教训他人，或者是想要狠踩对手的痛脚，那就更不能不讲究策略了。

以下，便是一则高手过招的精彩故事。

田婴担任齐国宰相的时候，有人对齐宣王说："每到年终总结算的时候，大王为何不多花费几天的时间，亲自听取各个地方官员的简报呢？否则，怎么会了解官员的奸邪、优劣呢？"

齐宣王听后，觉得很有道理。

田婴当然知道这番冠冕堂皇的"馊主意"，是有人故意冲着他来，不让他事事专权的表示。厉害的是，尽管不动声色，田婴却早已盘算，要让"馊主意"破灭。

因此，就在齐宣王准备亲自听取简报的当天，田婴下令官员们，把所有记载官库入账、出纳的种种账目准备齐全，而且要一条一条地逐一向齐宣王报告。

就这样，齐宣王听了整整一个上午，才听了一小部分。吃完午饭后，简报继续，直到晚饭过后，报告的程序才进行了不到一半，齐宣王看来已经大感吃不消。

这时，田婴却对齐宣王说："这是群臣们一年来日夜操劳忙碌的成果，大王如果能彻夜倾听，对官员们的士气，必然是一大鼓舞，有益于他们将来更加勤于政事。"

齐宣王听后，同样觉得有道理。

尽管齐宣王从善如流地挑灯夜听，但是没过多久，就一再打盹，昏昏欲睡了。官员们便趁这个机会作起弊来，迅速地将有问题、有漏洞的账目用刀片削掉。最后，齐宣王还是撑不下去了，索性将听简报的事，全部交给田婴去处理。

从这个故事看来，齐宣王是"耳根软"，没什么主见，而田婴则是害怕原有的大权，因为宣王被怂恿"用功"起来，无形中被稀释，同时，他也看准了齐宣王根本不是"那块料"，因此，决定要听，就让他听得彻底一点，看看宣王到底有没有这个能耐。

于是，田婴顺水推舟，将计就计，同样利用冠冕堂皇的理由，以退为进，来达到保障自己专权的目的。

在这个故事中，我们也可以看到，有人为了要瓦解田婴的专权，却拐弯抹角找个最为忠心耿耿、名正言顺的理由，来让齐宣王无所推托，更让田婴找不到反对的借口。

八分的智慧：很明显的，如果田婴立刻摆出横霸的嘴脸，加以阻挠，那自己狰狞的面目就愈加显露无遗，刚好是中了对手的圈套。但是，聪明狡诈的田婴很沉得住气，反而在别人的剧本中，把反派角色演成正派角色，化解了一次危机，可以说是相当高明。

做事最好还是看前顾后

　　方孝孺是浙江宁海人。在明建文帝的君臣中，他是重要的一位人物。自幼聪明过人，双目炯炯有神。长大后师从宋濂，文才出众，渐渐有了名气，每写一篇文章，海内争相传诵。但方孝孺自己却不以文章为重，而是时常"以明王道、致太平为己任"。朱元璋曾召见过他，当场就对太子说："此方士，当老其才。"建文帝即位后，方孝孺便受到重用，历任翰林侍讲、侍讲学士和文学博士，主修《太祖实录》，朝廷诏书、檄文大都出自他的手。他还参与朝廷决策，建文帝削藩及后来与燕军作战，他在其中都提了不少建议。燕王朱棣举兵南下时，他的主要谋士僧道衍曾对朱棣说："南方有个方孝孺很有学问，城下之日，他必定不降，请不要杀他。杀了方孝孺，天下的读书种子就断绝了。"朱棣点头答应。足见方孝孺才华智谋之出众，备受重视。

　　方孝孺曾在其《深虑论》一文指出："虑天下者，常图其所难，而忽其所易；备其所可畏，而遗其所不疑。然而祸常发于所忽之中，而乱常起于不足疑之事。岂其虑之未周与？盖虑之所能及者，人事之宜然；而出于智力之所不及者，天道也。"他用史实说明其论点：秦统一中国后，认为周朝之亡在分封诸侯，便改为郡县制。但灭秦的却是崛起在田野间的刘邦。汉兴鉴于秦孤立无援而亡，于是大封诸子及兄弟为诸侯王，结果导致七国之乱。武帝、宣帝削弱诸侯王势力，但代汉的是外戚。宋太祖看到五代时期方镇势力足以挟制君主，便以杯酒释兵权，重文轻武，其后人因而被敌国所逼。

　　根据方孝孺的论断分析，有这样一个故事很值得人们以为鉴戒。

　　很久以前，在山脚下的一隅，有一个独身男子住在一间自建的茅草房里。他靠着自己的双手耕植，日出而作，日落而息。生活也算自给自足，悠闲自在。但是美中不足的是这个地方鼠患严重，几代老鼠在他家"安营扎寨"。白天，老鼠成群结队地东跳西蹿，扰得人不得安宁；夜间，老鼠又吵又叫还不停地咬吃他家的东西，糟蹋他辛苦耕种收获的粮食，使他整夜难以入睡。这些老鼠把他害得苦不堪言。这个男子也恨透了这些"不速之客"。

有一天，他心情苦闷地去外面讨酒喝，当他喝得酩酊大醉，踉踉跄跄地回到家中，准备倒头就睡。他刚一上床躺下，老鼠们又开始了每天例行的活动，吵闹开来。更有甚者，竟有一只胆大包天的老鼠跳上了他的床，还吱吱地叫个不停。他开始酒劲正酣没有理会，可老鼠竟得寸进尺地咬起了他的脚丫。这下惹火了这个人，他火冒三丈，气得跳起来，嘴里大声吼道："可恶的老鼠，我非得给你们点颜色瞧瞧不可。否则你们还不知道本大爷的厉害。"说时急，那时快，他一个箭步冲进了厨房，拿了个火把，把整个房子的四处都点燃了。顷刻间，熊熊大火迅速蔓延起来，伴随着噼里啪啦的火声，老鼠们被大火全都烧光了。可是，他的茅草房也被烧毁了，化为了一片灰烬。等他醒过酒来，一下子傻了眼。老鼠是没了，可他却变得无家可归了，愣愣地站在那，茫茫然不知所措。

做事情深思熟虑，防备周密，仍不可避免地有疏忽的地方。倘若不仔细分析轻忽从事，问题就更大了。现实生活中，没有一劳永逸地解决矛盾的方法，因为有的矛盾解决了，在新的条件下又出现了新的矛盾。而解决新的矛盾需要新的措施和方法，这就要不断研究新情况才能提出。所以凡是想干出一番事业的人，必须谨慎从事，做事看前顾后，一点马虎不得。

八分的智慧：世界上一切事物的内部都存在着肯定和否定的方面，这两个方面既相互斗争又相互联系。当否定的方面战胜肯定的方面并取得支配地位时，事物的性质就会发生转化。事物就是这样曲折地前进的。有利往往预兆着不利，成功背后往往隐藏着失败。"螳螂捕蝉，黄雀在后。""灭鼠毁庐"的故事对那些鼠目寸光、看前不顾后的人不是很有借鉴意义吗？

临危不乱的人才能处变不惊

刘大夏是明朝时期的一位重要人物。他一生品行高洁，吏治清明，就像一泓清澈的泉流，滋润和净化后人的心灵。同时，刘大夏为官伊始就因治水有功，而得升迁。刘大夏一直在外做官，官越做大，人品官品愈来愈醇。1463年，年仅20岁的他就中了进士，以后，走遍大江南北，每走到一处，便在那里留下很好的口碑。他本人则聪明机智，学富五车，善于以静制动，制服敌人。

有一次，担任甘肃副将的庄浪地方部落首领鲁麟，自己以为对朝廷的功劳很大，觉得朝廷对自己的赏赐还没有达到自己的要求。因此，他就写奏章，向朝廷要求当大将军。但是，这种过分的要求没有被朝廷批准。他一气之下，依仗自己部落强大，向朝廷施加压力。他刚好有一个年纪较小的孩子，便趁机以孩子幼小需要照顾为理由，没有奏请朝廷，便擅离职守，自行回到了庄浪部落，以此要挟朝廷。

面对这种情况，朝中的大臣们各自持有不同的意见。有的大臣主张，既然他要求当将军，就封他为大将军，以保持国家的稳定；有的主张把他召到京城里来，给他封地。唯有尚书刘大夏坚决反对对鲁麟妥协，说道："鲁麟为人暴虐，且不善于管理部众，不会受到部众的尊敬和爱戴的。即使他真的有什么不轨的举动，部众也不会支持他的，因此，我认为，他是不会有什么作为的。但是，难办的是他又没有犯什么罪，制裁他也没有合理的借口。现在如果授他大将军印，不合朝廷的法规；召他到京城，他如果不来，则有损于朝廷的威严。此时的上策是暂时搁置这件事，不去理他，听任他在家赋闲。而另外表彰他先世对朝廷的忠贞。表彰鲁麟先辈的功绩，使他内心惭愧，而怨恨朝廷不封他大将军的事又不能说出来。这样事情的趋势才能按照我们的意思去发展。"听完了他的这一番话，大臣们都觉得很有道理，纷纷交口称赞，于是皇帝就接受了刘大夏的建议。

当朝廷对鲁麟的先辈们的表彰传达给鲁麟之后，这大大出乎了鲁麟的意料之外。按照他原来的想法，朝廷知道了他的所作所为之后，一种情况是，朝廷震怒，然后发兵来征讨他，他已经为此做好准备；再就是，朝廷满足了他的要求，封他为大将军，这是最符合他的心意的结果。朝廷这样一来，大大地挫伤了鲁麟的锐气。鲁麟本人就是一个没有什么智谋的人，而且脾气暴躁，标准的吃软不吃硬，鲁麟自己感觉没有什么趣味，加上朝廷表彰他的先辈，使他感到十分的羞愧，只好长叹一声，说道："罢罢，我也不当什么将军了。"但是，不久之后他还是因为心情抑郁，很快就死了。

中国武术里讲究"以静制动"，强调"四两拨千斤"。这种以静制动的智慧，深深地扎根于中国人的文化和与人生哲学之中。它要求人们善于通过"以静制动"的手段来化解矛盾。"静"并不意味着不动，在静的同时，形势在变化，机会也在转换。这就如面对行驶车流的静止景物，景物虽然静止，而它所面对的车辆已不一样了。

八分的智慧： 在紧急时刻，应临危不乱，处变不惊。以不变应万变，风动旗动心不动，以高度的镇定，冷静地分析形势，那才是明智之举。对这中间的分寸、尺度的把握，就是人生处世的最高境界。

藏起自己的私利

元末农民起义中，群雄割据，其中以朱元璋、陈友谅和张士诚较为强大。他们都想吃掉对方，称王称霸，因而互相攻打。1366 年 5 月，朱元璋受到陈友谅和张士诚联合一起对应天的两面夹攻。在双方正进行一场血战的险恶形势下，江北形势骤变。小明王韩林儿和刘福通派出的三支北伐军，遭到元军反击而惨败。小明王退兵安丰后，张士诚却派大将吕珍围攻安丰，情况十分危急。小明王多次派人向朱元璋征兵解围。这天，朱元璋召开军事会议，讨论派兵解困问题，会上议论纷纷，众将都反对派兵，连军师刘基也坚决不同意。朱元璋这次力排众议，对大家说："我自有安排！"他毅然派兵去安丰救小明王。

朱元璋为什么愿冒此风险？朱元璋自有他的鬼算盘。他认为安丰是应天的屏障，安丰失守，自己的应天就暴露在敌方攻击下，救安丰就是保应天；至于小明王，他在红巾军和劳苦群众中影响最大，有号召力，是一面旗帜。他朱元璋尊小明王为主，打他的龙凤旗号，一来是利用小明王影响，争取人心，二来，敌方打击的矛头首先冲着小明王，是为了实现他今后的更大图谋。于是，他亲自率军北上，杀退吕珍，保住了安丰。小明王对此感激涕零。朱元璋乘胜回师，和陈友谅在邵阳湖经过一场激战，陈友谅兵败身死。朱元璋获得大胜后，打着小明王的旗帜，又被封为吴国公。

此后，朱元璋决心把小明王控制在自己手中。他把小明王迎到滁州，在滁州给小明王建造了巍峨的宫殿，安排了威武的銮驾仪仗、丰厚的食物和华丽的服饰，背地迅速安排亲信，对小明王实行封锁、隔离，甚至把侍奉小明王的宫中人员全部换上自己的部下。从此，小明王的一切统统在朱元璋的掌握之中。小明王临死时，还念念不忘朱元璋的大恩大德。朱元璋靠自己的心计和处世本领，既得了江山又得人心。

还有一个故事也能说明这个问题。

晚清时期，湖南有个道台单舟泉。这人善于观察，办起事来面面俱到。所以大小官员都很佩服他。

有一年，一个游历的外国人上街买东西，有些小孩因没看见过洋人，便追随着他。洋人很恼火，手拿棍子打那些孩子。有一孩子躲闪不及，被打中太阳穴，没多久就死了。小孩的父母当然不肯干休，一齐上来，要扭住那外国人。外国人则举起棍子乱打，连旁边看的人都被打伤几个。这样，激起公愤，大家一齐上前，捉住那外国人，拿绳子将他捆了起来，送到衙门。因为是人命关天，而且又是外国人，很自然此事便落到单道台手里。他不愧是官场老手，又有丰富的办案经验，马上就将卖乖绝招运用自如。一方面他认为湖南阔人很多，而且民风开放，如果办得不好，他们会起来说话，或者聚众为难外国人，到那时，想处治外国人做不到，而不处治又办不到。不如先把官场上为难的情形告诉他们，请他们出来帮忙。只要绅士、百姓出面同外国领事硬争，形成僵持局面，外国领事看见老百姓行动起来，就会害怕，因为洋人怕百姓。到这时，再由官府出面，去压服百姓，叫百姓不要闹。因为百姓怕官，所以他们也会听话。而外国领事见他压服了老百姓，也会感谢官府。

主意想好，他马上去拜会几个有权势的乡绅，要他们大家齐心合力与领事争辩。倘若争赢了，不但百姓伸冤，而且为国家争了面子。此话传出去，大家都说单道台是一个好官，能维护百姓利益。他又来到领事处，告诉领事，如果案子判轻了，恐怕百姓不服。外国领事听他这么说，又看着外面聚集的人群，果真感到害怕。单道台又说："请领事也不必太害怕，只要判决适当，我尽力去做百姓的工作。不会让他们胡闹。"

案子判了下来，自然也是虎头蛇尾。但单道台却两面得到好处：抚台夸他处理得好，会办事；领事心里感激他弹压百姓，没有闹出事来，于是替他讲好话；而绅士们，也一直认为他是维护百姓的。

八分的智慧：把他人利益放在明处，将自己的实惠落在暗处，不但会达到自己的目的，而且可以获得对方的人情。卖乖的确是最为精明的操纵之术。

卖乖的至上功夫莫过于此：明明是在保全自己、占便宜，而给人的感觉却是他们在给人施恩。他不让自己的利益明示于人，而是将其掩饰成其他人的利益，看起来好像在帮别人的忙。

第十二章　人生在世需要知足常乐

　　知足常乐，知足得福，所谓知足，并非学业和事业上的不思进取，而是打消那种对欲望无休止的奢求。毕竟，财富千万，一日三餐；良田万亩，百年一垄。

大道归一才能修身养性

在所有的文字当中，汉字"一"是构造最简单，书写最易的一个。可以说是无人不知，无人不识，无人不会写。但是简易之中蕴含着复杂，朴素之中体现着深刻。

"一"是浑然的整体，是绝对无差别的统一；"一"是起始、原初；"一"是万物的根本，是事物的核心。这个"一"在老子和庄子那里被称为"道"，他们认为自然万物都是在这个"道"下生化的产物。

老子说："道生一，一生二，二生三，三生万物。""天得一以清；地得一以宁，神得一以灵，谷得一以盈，万物得一以生，侯王得一以为天下正。"这就是说一是道，是根本，分化形成万物，失去了这个一，也就背离了道，如果是这样的话，天将不能保持清明，地将不能保持宁静，神不能保持灵验，五谷不能保持丰登，万物不能保持生长，王权不能保持长久。老子与庄子就是从自然万物中体验"道"的。

孔子也是十分看重"一"，认为一个人若想贵为王者，君临天下，必须一以贯三，即天时、地利、人和同时具备。因此，他认为为人之道，贵在如"一"：心一则明，性一则洁，神一则灵，情一则真，言一则诚，德一则贞，气一则雄……大道归一，这就是"守一所以用万"。

道的分化形成万物，万物与道内在一致。所以佛家认为不必在我之外去悟道，悟道即在脚下，我自己便是路。若能悟一法，便能明了一切法。

道家、儒家和佛家都是与哲学相通的。有位哲学家说：一滴水珠映现世界的光彩。还有位哲学家曾这样说：辩证法就在最平常最普通中。譬如，张三是人，树叶是绿的，这是人人都会说的，然而正是在这样最简单中的话语中，包含了辩证法的全部要素。因为，在张三是人这一表述中，张三是个别，人是一般，张三是人，它的法则即个别是一般。它告诉我们个别包含着一般，任何个别都是一般的，这也就是"一是多，多是一"。

任何个别经过千万次转化，与别的任何个别相联系相转化。任何纷繁复杂的社会现象和自然现象，都有其最关键、最核心的地方，这叫"统之有宗，会之有元"。复杂的事物是"多"，其关键的本质是"一"，掌握了事物的本质或关键，也就掌握了整个事物，这就是"执一御众"。

八分的智慧：人们常说以寡制众，执简御繁，以一应万，"一"或"寡"或"简"就是道，"众"或"繁"或"多"就是具体多样的事物，只有得道者才能执一御众。善于处理事务的人，不局限于事物的细枝末节，总是迅速地把握事物的关键、根本。只有这样，才能"纲举目张"，才是"立乎其大，小者不与夺也"。得道的人，总是胸有成竹，举重若轻。善于应对，从容自如。所以，道家常讲"守一""执一"或"抱一"，儒家常讲"守一所以用万"。

宠辱不惊自然物我两忘

电视剧《三国演义》主题歌曲慷慨、激昂、悲壮。尤其是词中"是非成败转头空"这七个字颇能表达我们偶尔对人生所兴起的感触。三国中无论是足智多谋的诸葛亮、勇猛豪爽的张飞、义薄云天的关羽，还是雄姿英发的周瑜、雄才大略的曹操，无数英雄豪杰都随滚滚长江向东流去，纵横驰骋的战场早已硝烟散尽。艺术家的彩笔为我们道尽人世的悲欢离合，但终如南柯一梦。人生无常，是非成败转头空。

人生无常，无物永驻。天下没有什么事物、对象、情势、局面是永远不变的。明月曾经照古人，古人不见今世月；好花不常开，好景不长在；年年岁岁花相似，岁岁年年人不同。人无百日好，花无千日红。物有生、死、毁、灭；人有生、老、病、死。盛极必衰、否极泰来；月有阴晴圆缺，人有悲欢离合；天下大势是分久必合，合久必分；官无常位，境遇常变；三十年河东三十年河西，风水轮流转。老子说："金玉满堂，也无法永远守住。"人生聚散、浮沉、荣辱、福祸，这一切都在不断地转化，相辅相成。"百年随手过，万事转头空。"明白此理，你就会视一切变化为正常，就会对一切事情的发生有思想准备，就不会抢天呼地，不撞南墙不回头与天道(客观规律)死顶下去。做人，不能逆天道(客观规律)而行事。

人生无常还指事物变动的不可预见性、偶然性，事情的不期而遇。俗话说天有不测风云，人有旦夕祸福；福无双至，祸不单行；运去金成土，时来土做金；屋漏偏逢连夜雨，船迟又遇顶头风……人生之中不可预测的事太多太多。

人生无常，天道有常。人生无常，正是天道有常的表现。对于那些觊觎权势、玩弄阴谋的人来说，既有小人得志飞黄腾达之时，也有时运不济，栽跟头之日。秦桧玩弄诡计、陷害忠良，落得个无穷骂名；严嵩专横跋扈、不可一世，终落得满门抄斩。多行不义必自毙，逞一时之能称一世之雄又能存于几时？爬得越高跌得越惨。也许对爬得高的这个人来说，这是他人生际遇的无常，对于群体和社会来说则正是有常的表现。一个肆无忌惮、伤天害理的人早晚会受到客观规律的惩罚，一个霸主早晚有稀里哗啦那一日。这对于他本人是天道无常的表现，对于别人则恰恰证明了天道有常。正所谓天网恢恢，疏而不漏。

感叹人生之无常，并不完全出自无奈的悲愁，相反，它可能出自人心对幸福的追求与对永恒的向往。哲学家努力透视人生真谛，帮助人们建构精神家园。宗教家则超越于无常的罗网之上，打通生前死后之结，引人走向不朽的乐土。可惜的是，一些人对哲学存着怀疑的眼光，对宗教抱着利用的心态，因而陷于变幻不已的现实世界，无法解开内心深处的愁结。

唐伯虎诗中说："钓月樵云共白头，也无荣辱也无忧；相逢话到投机处，山自青青水自流。"如果人人都能了然于山自青青水自流，就自然会宠辱不惊，物我两忘，也不会去徒自贬抑，自招屈辱。

八分的智慧：聪明的人总是在变化无常中力争主动，在变化之前或之初看到变化的端倪，去把握有常，居安思危，未雨绸缪，处变不惊，临危不惧，从而在恶劣的处境下，能登高望远，看到转机，看到希望，有所准备，不失时机地转败为胜，扭转乾坤。

仁者乐山，智者爱水

"水"是生命之源，也是为人之鉴。

仁者乐山，智者爱水。智者爱水，在于水的品格。老子认为人生若水，"上善若水"。

人生若水，指的是人当洁身自好，其品行像一泓清水一样清澈透明，其生存意志当像山涧溪流淙淙而下，欢快奔流，直至江河大海，永不停息。

"上善若水"，是指人生达到的一种境界。老子认为当一个人处世若水之谦卑，存心若水之亲善，言谈若水之真诚，为政若水之条理，办事若水之圆通，行动若水之自然，交往如水之清淡，人品若水之纯洁时，便进入了"水"之境界，这就达到了一种至善、至真、至美的境界。

水，阴柔无比，无形却无不形，随圆而圆，随方而方，甘心停留于最低洼和最脏处，那样安于卑下不与万物争，天下之物莫柔于水，但任何攻坚克强的东西都不能胜过它，因为世上没别的东西可替换它，也没有别的东西可以与它相比。即使平静无澜的水流下也潜伏着强大的力量。大江大河从远处眺望，表面上平波如镜，但是你只要一接近就会感到江水的宏大气势，处处暗藏漩涡，隐伏着巨大的能量。一个人并不需要处处占上风，出风头，也不需要处处与人相争，只要像水那样，具有柔软、谦虚和蕴藏力量的素质，就能在不知不觉中战胜对手，此乃为以柔克刚之理。

水总是向着低处流，百川归海。大海之水，浩瀚无比，它之所以能成为百川之王，就在于它心胸开阔，甘为下者的缘故。有道是"空穴来风"、"有容乃大"。琴瑟和鸣，箫笛同奏，之所以能发出悠扬婉转、美妙动听的声音，就在于它们有"空"有"容"。如果人能够从水中受启迪，向水看齐，那么，一定会虚其心，去其强，甘为人下，为而不争，进入到一个更高的自由境界。

水又为"通达之渠"。人们也将彼此间看法的交换，称之为"沟通"，从文词上就能看出与"水"有相当的关系。水，避高趋下，营造形势，包围并吞，无所不及，无孔不入。中国的"沟通"哲理，从文字上已看出巨大的端倪。中国式的沟通，并非如同西方谈判的绝对方式，谈得成就决议，谈不成就破裂走人。而是经过模糊的过程，达到明确的结果。先是必须避开对方的坚持，再将他的坚持化成对我们意见的助力，化成与我们看法的融合；最后，共同达成我们的目的。中国人的沟通，似"水"融入各种物体般柔和，在包容后，却无一不化为水的一族。水的形体虽变化万千，可为固体、液体、气体，但其本质却永远是水。所以，中国沟通哲理的智慧，就是若水之圆通。

八分的智慧：人生尘世，很难免除私心杂念的干扰和官权利禄的诱惑。激烈的竞争、金钱的崇拜、生活的变幻、信息的更新、欲望的膨胀等等，都让现代人无所适从。一些"聪明人"争先恐后，千方百计，无所不用其极，结果贪多嚼不烂，事业不成，心如沸水，苦恼无限，人生愁多。若心无旁骛，心如止水，专心致志，一心一意，专注一事，就少了许多社会环境、关系的无谓干扰，更多了一份内心的宁静、充实与自由。

顺其自然，到什么山唱什么歌

《淮南子》中曾有这样一个故事：有一位住在长城边的老翁养了一群马，其中有一匹马忽然不见了，家人们都非常伤心，邻居们也都赶来安慰他，而他却无一点悲伤的情绪，反而对家人及邻居们说："你们怎么知道这不是件好事呢？"众人惊愕之中都认为是老人因失马而伤心过度，在说胡话，便一笑了之。

可事隔不久，当大家渐渐淡忘了这件事时，老翁家丢失的那匹马竟然又自己回来了，而且还带来了一匹漂亮的马，家人喜不自禁，邻居们惊奇之余亦很羡慕，都纷纷前来道贺。而老翁却无半点高兴之意，反而忧心忡忡地对众人说："唉，谁知道这会不会是件坏事呢？"大家听了都笑了起来，都以为是把老头给乐疯了。

果然不出老头所料，事过不久，老翁的儿子便在骑那匹马时摔断了腿。家人们都挺难过，邻居也前来看望，唯有老翁显得不以为意，而且还似乎有点得意之色，众人很是不解，问他何故，老翁却笑着答道："这又怎么知道不是件好事呢？"众人不知所云。

事过不久，战争爆发，所有的青壮年都被强行征集入伍，而战争相当残酷，前去当兵的乡亲，十有八九都在战争中送了命，而老翁的儿子却因为腿跛而未被征用，他也因此幸免于难，故而能与家人相依为命，平安地生活在一起。

这个故事便是"塞翁失马，焉知非福"的出处。老翁高明之处便在于明白"祸兮福所倚，福兮祸所伏"的道理，能够做到任何事情都能想得开，看得透，顺其自然。顺其自然是一种处世哲学，而且是一种很好的、很受用的处世哲学。

顺其自然是最好的活法，不抱怨，不叹息，不堕落，胜不骄，败不馁，只管奋力前行，只管走属于自己的路。中国有句俗话叫作"谋事在人，成事在天"，而这种"成事在天"便是一种顺其自然。只要自己努力了，问心无愧便知足了，不奢望太多，也不失望。

顺其自然不是随波逐流，放任自流，而是应该坚持正常地学习和生活，做自己应该做的事情，弄明白自己的人生方向后踏实地顺着这条路走下去。有人曾经问游泳教练："在大江大河中遇到漩涡怎么办？"教练答道："不要害怕。只要沉住气，顺着漩涡的自转方向奋力游出便可转危为安。"顺其自然也是如此，它不是"逆流而动"，也不是"无所作为"，而是按正确的方向去奋斗。

八分的智慧：顺其自然不是宿命论，而是在遵守自然规律的前提下积极探索；顺其自然不是不作为，而是有所为，有所不为。人生如同一艘在大海中航行的帆船，偶遇风暴是无法改变的事实，只有顺其自然，学会适应，才能战胜困难。现实生活中我们应该学会顺其自然，学会到什么山唱什么歌。

第十二章 人生在世需要知足常乐

世界不会因为你的忙碌而加速改变

生活在都市里的人们，来自各方面的压力越来越大，相应的假期也越来越长，要学会利用长假去放松自己，去消除一身的疲劳，恢复体力和精神，以应对上班以后新一轮的工作压力。

心理学家说，摆脱眼前的一切，挣脱例行公事的羁绊，能使你远离旧有的困境，带给你新的希望，让你的心理产生正面的前瞻，甚至让熄灭的热情重新点燃，也会让你对自己的认识更深一层。于是，等你返家的时候，你会变得更快乐一些，更健康一些，应对压力时也更有效率一些。美国心理学家希柯斯博士说："你去度假的时候，就逃离了日常生活的单调性。把烦恼抛在脑后。即使你所做的，只是坐在河边、看着溪水流动而已，但这却是一种极为可贵的步调变化，能让你重新充电。于是，等你回去的时候便会觉得精神更为饱满，有活力。"

有的人认为，休闲不就是去玩吗？那没有什么可学的。其实不然，王阳明曾经说过："事事洞明皆学问。"休闲也有学问，要想玩出个花样来，玩出个痛快来，就得去学。

先说休闲方式吧，现在的休闲方式五花八门，你应该耐心思考一下，自己适合哪一种，如果你是个急性子，偏去钓鱼，那岂不是自找没趣？在都市人的休闲活动中，有以下几项休闲活动最受到青睐。

钓鱼是一项培养个人耐性的休闲活动。普通的装备很简单，一根钓竿、一些鱼饵和一个水桶就可以出发了。但真要是老钓客对装备要求就高了。

学画自古就是修身养性的绝佳方式，是一种既高雅又怡情养性的活动。当今工作学习生活节奏紧张的条件下，抽出一点时间来学画写字也是一种很好的休闲活动，对心灵无疑是一种清涤。

跳舞可以陶冶性情、愉悦身心，而且也比较容易学习，适合中老年人。跳舞除了可以增强心肺功能外，还有助于健美减肥。

登山对于年轻人来讲，无疑是既理想又时尚的运动，既放松压力，又可以锻炼一个人的意志和体魄。当然，现在的老年人体格越来越棒，也有许多登山爱好者。登山时，不仅山光水色令人大饱眼福，而且清新的空气可以涤荡都市浊气，实在是妙不可言。

网球运动是深受人们喜爱而极富乐趣的一项体育活动。它既是一种消遣，一种增进健康的方式，也是一种艺术追求和享受，当然它还是一种扣人心弦的竞赛项目。打网球，文明，高雅，动作优美，每打出一次好球，都会使人感觉兴奋异常，愉快无比。

打高尔夫球也逐渐受到都市人的青睐，但由于消费过于高昂，一般的人是玩不起的，被人们称为贵族运动。

到农村去度假也很受欢迎。这项活动不仅轻松愉悦，而且经济便宜，一般人都能承受得起，在空气污染严重、生活节奏紧张的都市呆久了，不妨到乡村去体验一下。

会休闲的人其实往往都是很出色的人，不仅仅是工作上，更重要的是他们的生活愉快度和幸福感会更出色，因此，心累了，我们为什么不学会休闲呢？

八分的智慧：人生幸福与否，全在于一张一弛地把握，休闲就在于给自己每天忙碌的身影一个暂停。每天紧绷着神经，那又能怎么样呢？世界不会因为你的休息而停止运转，也不会因为你的忙碌而加速改变。

恬静淡然方可怡然自乐

人人希望成功，但总免不了会有失败，正确对待成功与失败是一个人能够保持良好的心态，拥有幸福生活，甚至是成功的重要保证。因此，我们应当学会让自己时刻保持一颗平常心。

所谓平常之心，就是不能只要成功，而拒绝失败，害怕失败。平常之心就是要把成功、失败看得平平常常。简单讲，就是要正确对待成功与失败。成功了，不要骄傲，不要狂妄自大。失败了，也应该平静地接受。

其实，失败也是生活的内容之一，没有失败的生活是不可能的。有失败，才说明生活是有奋斗的，人生才是有意义的。接受失败应该成为人们生活中一项必不可少的内容。因此，人们应该学习接受失败的训练，因为这是生活自身必备的内容，如果不接受生活中的失败，那么，就歪曲了生活的本来面目，将会受到生活的惩罚。世界上没有常胜将军，应该平静地接受生活所给予的各种困难、挫折和失败。

我国著名的乒乓球运动员王楠认为，在乒乓球比赛中，输赢都是很正常的，谁也不可能只赢不输，重要的是保持一颗平常心，这对于像乒乓球这种比赛就显得尤为重要。在 45 届世乒赛女子单打决赛中，王楠在先输两局的情况下，凭借自己过人的心理素质———一颗平常的心，最后三局出色地发挥了自己的技战术水平，连胜三局，取得女子单打世界冠军。这充分说明心态在成功中的极端重要性。

八分的智慧： 一颗平常之心，并不是不要进取之心和成功之心，而是通过平常之心，使进取之心和成功之心得到升华，得到更充分的发挥。

知足常乐，快意人生

古语说："天下熙熙，皆为利来，天下攘攘，皆为利往。"利当然是社会发展最有效的润滑剂，但不可过于看重名利，过于为名利奔波不休。

随着商品经济的发展，我们每个人都生活在讲究效益的环境里，完全不言名利也是不可能的，但应正确对待名利，最好是"君子言利，取之有道，君子求名，名正言顺"。

当然，最好的活法还是淡泊名利。因为名字下头一张嘴，人要是出了名，就会招来嫉妒，受人白眼，遭到排挤，甚至有可能由此而种下祸根。正如古语所说："木秀于林，风必摧之；堤高于岸，流必湍之；行高于人，从必非之。"而利字旁边一把刀，既会伤害自己，也可能伤害别人，小利既伤和气又碍大利。如果认为个人利益就是一切，便会丧失生命中一切宝贵的东西。

名利是无止境的，只有适可而止，才能知足常乐。其实心是人的主宰，名利皆由心而起，心中名利之欲无休止地膨胀，人便不会有知足的时候。欲望就像与人同行，见到他人背有众多名利走在前面，便不肯停歇，而想背负更多的名利走在更前面，结果最后在路的尽头累倒。知足者能看透名利的本质，心中能拿得起放得下，心境自然宽阔。

好作讨厌名利之论的人，内心不会放下清高之名，这种人虽然较之在名利场中追逐的人高明，却未能尽忘名利。这些心口不一的人，实际上内心充满了矛盾，但名利本身并无过错，错在人为名利而起纷争，错在人为名利而忘却生命的本质，错在人为名利而伤情害义。如果能够做到心中怎么想，口中怎么说，心口如一，本身已完全对名利不动心，自然能够不受名利的影响。那么不但自己活得轻松，与人交往也会很轻松了。

国学大师林语堂也曾经说过："满足的秘诀，在于知道如何享受自己所有的，并能驱除自己能力之外的物欲。"

八分的智慧：一个人如若养成看淡名利的人生态度，面对生活，他也就更易于找到乐观的一面。但许多人口口声声说将名利看得很淡，甚至做出厌恶名利的姿态，实际是内心中无法摆脱掉名利的诱惑而做出自欺欺人的姿态，未忘名利之心，所以才时时挂在嘴边。这样，自己又怎能做到宠辱皆忘呢？怎能不劳心费神呢？记住：吃饭八分饱，才会有一个健康的身体；人生八分满，才有一个健康的人生！